高等职业教育"互联网+"创新型系列教材

# C 语言程序设计项目教程

## 第 2 版

主　编　王瑞红
副主编　王　青　黄敬良　宋志新
参　编　陈　健　王　化　徐　蕾　王　晶

机 械 工 业 出 版 社

本书充分结合高职高专学生的实际情况,对内容科学取舍,突出算法,强调逻辑思路,吸纳先进的项目教学法的思想,非常注重编程能力的训练。全书共分 8 个模块,主要介绍了 C 语言的基础知识、程序设计的基本结构、数组、函数、指针和结构体等内容。

本书是由具有多年 C 语言程序设计教学经验的一线教师根据实践教学和应用研究体会编写而成的。本书内容通俗易懂,实例非常丰富、典型而全面,目标明确,实用性强,理论适度,深入浅出,注重理论和实践的结合,形式新颖,使读者通过实例能够轻松愉快地全面掌握 C 语言程序设计的方法和应用。

本书适合作为高等职业院校计算机程序设计的入门教材,也是一本很好的初学者自学教材。

**为方便教学,本书有微课视频(以二维码形式呈现)、电子课件、实训任务答案、模拟试卷及答案等,凡选用本书作为授课教材的老师,均可通过电话(010-88379564)或 QQ(3045474130)咨询。**

## 图书在版编目(CIP)数据

C 语言程序设计项目教程/王瑞红主编. —2 版 . —北京:机械工业出版社,2021.8

高等职业教育"互联网+"创新型系列教材

ISBN 978-7-111-68870-9

Ⅰ.①C…　Ⅱ.①王…　Ⅲ.①C 语言 – 程序设计 – 高等职业教育 – 教材　Ⅳ.①TP312.8

中国版本图书馆 CIP 数据核字(2021)第 156354 号

机械工业出版社(北京市百万庄大街22 号　邮政编码100037)
策划编辑:曲世海　责任编辑:曲世海
责任校对:张　力　封面设计:马精明
责任印制:张　博
涿州市般润文化传播有限公司印刷
2021 年 11 月第 2 版第 1 次印刷
184mm×260mm · 9.5 印张 · 221 千字
0001—1500 册
标准书号:ISBN 978-7-111-68870-9
定价:35.00 元

| 电话服务 | 网络服务 |
| --- | --- |
| 客服电话:010-88361066 | 机 工 官 网:www.cmpbook.com |
| 　　　　　010-88379833 | 机 工 官 博:weibo.com/cmp1952 |
| 　　　　　010-68326294 | 金 书 网:www.golden-book.com |
| **封底无防伪标均为盗版** | 机工教育服务网:www.cmpedu.com |

# 前　言

　　C语言作为一种程序设计语言，其课程在计算机技术应用、计算机网络技术、现代移动通信技术和电子商务等专业均有开设，是计算机类、信息类专业的重要专业基础课。C语言简洁高效、结构丰富，是良好的结构化语言，可移植性强，生成代码质量高，既可以用来编写系统软件，也可以用来编写应用软件。C语言是目前世界上流行并广泛使用的高级程序设计语言。

　　本书作为高职高专学生学习计算机编程的入门教材，着重讲述了计算机程序设计的基础知识、基本算法和应用编程思想，其目的在于使学生学习C程序设计之后，能结合社会生产实际进行应用程序的研制和开发。在实例选取上，力求做到让复杂问题简单化，让简单问题实用化，旨在树立学生的程序设计思想，培养学生编写与调试程序的能力，突出"以学生为中心"的教育理念。本书的编写遵循"知识准备—项目教学—实训任务"的模式，深入浅出，充分培养学生的创新能力、实践能力和自学能力。

　　全书共分8个大模块，各模块的主要内容如下：第1个模块主要介绍C语言的基础知识；第2个模块主要介绍C语言的顺序结构程序设计；第3个模块主要介绍C语言的选择结构程序设计；第4个模块主要介绍C语言的循环结构程序设计；第5个模块主要介绍数组的基本知识及其在程序设计中的应用；第6个模块主要介绍C语言的函数及其基本应用；第7个模块主要介绍指针的基本知识及其在程序设计中的应用；第8个模块主要介绍自定义数据类型结构体的基本知识及其在程序设计中的应用。

　　本书由王瑞红担任主编，王青、黄敬良、宋志新担任副主编，陈健、王化、徐蕾、王晶参编，并由王瑞红统稿。其中，王瑞红编写了模块1、2、3，宋志新和徐蕾编写了模块4，王青和陈健编写了模块5、6，黄敬良和王化编写了模块7、8，王晶也参加了部分模块和附录的编写。

　　由于编者水平有限，书中难免有疏漏和不妥之处，恳请读者批评指正，并提出宝贵的意见。

编　者

# 二维码索引

（续）

| 序号 | 二维码 | 页码 | 序号 | 二维码 | 页码 |
|---|---|---|---|---|---|
| 17 | | 65 | 24 | | 99 |
| 18 | | 66 | 25 | | 100 |
| 19 | | 72 | 26 | | 114 |
| 20 | | 75 | 27 | | 118 |
| 21 | | 78 | 28 | | 121 |
| 22 | | 95 | 29 | | 130 |
| 23 | | 97 | 30 | | 132 |

# 目　录

# 模块 1

# C 语言基础知识

## 【学习目标】

◆ 了解 C 语言的发展过程与特点。

◆ 掌握 C 语言程序的构成。

◆ 了解并熟悉 C 语言程序的运行环境及开发过程。

◆ 理解常量和变量的含义。

◆ 熟悉 C 语言的基本数据类型。

◆ 掌握 C 语言各种运算符和表达式的应用。

## 第一部分　知识准备

### 一、C 语言的发展过程

C 语言不仅具有一般高级语言的特性，而且具有一定的低级语言特征，所以它既适合编写系统程序，又适合编写应用程序，已在国际上广泛流行。

C 语言是 1972 年由美国贝尔实验室的 D. M. Ritchie 设计发明的。随着 UNIX 操作系统的日益广泛使用（1973 年，K. Thompson 和 D. M. Ritchie 两人合作把 UNIX 操作系统 90% 以上的代码用 C 语言改写），C 语言迅速得到了推广。

后来 C 语言又被多次改进，并出现了多种版本。由于没有统一的标准，使得这些 C 语言之间出现了一些不一致。为了改变这种情况，美国国家标准化协会（ANSI）在 1983 年根据 C 语言问世以来各种版本对 C 语言的发展和扩充，制定了一套新的标准，称为 ANSI C，成为现行的 C 语言标准。

本书以 ANSI C 标准来进行介绍。目前，在微机上广泛使用的 C 语言编译系统有 Microsoft C（简称为 MSC）、Turbo C（简称为 TC）、Borland C（简称为 BC）等。虽然它们的基本部分都是相同的，但也有一些差异，所以请读者注意自己使用的编译系统的特点和规则（参阅有关手册）。

本书选定的上机环境是 Microsoft Visual C++ 6.0 集成开发环境。

## 二、C 语言的特点

C 语言是一种结构化语言。它层次清晰，便于按模块化方式组织程序，易于调试和维护。C 语言的表现能力和处理能力极强，其主要特点如下：

1）C 语言是一种结构化、模块化的程序设计语言。该语言简洁、紧凑，使用方便、灵活，虽然只有 32 个关键字、9 种控制语句，但是可以描述各种结构的程序。

2）运算符极其丰富。C 语言共有 44 种运算符，从而使 C 语言表达式类型多样化。

3）数据结构丰富。C 语言具有现代编程语言的各种数据结构，能用来实现各种复杂的数据结构（如链表、树、栈等）的运算。

4）C 语言允许直接访问物理地址，能进行位（bit）操作，能实现汇编语言的大部分功能，可以直接对硬件进行操作。

5）生成的目标代码质量高，程序执行效率高。C 语言一般只比汇编语言生成的目标代码效率低 10% ~20%。

6）可移植性好（与汇编语言比较）。C 语言程序本身不依赖于机器硬件系统，从而便于在硬件结构不同的机型间和各种类型操作系统中实现程序的移植。

C 语言的优点虽然很多，但也有一些不足之处，如语法限制不太严格，程序设计时自由度大，源程序书写格式自由。从学习和熟悉使用角度来看，C 语言较其他高级语言要难一些。如果掌握了 C 语言后，再学习 C ++、Java、C#语言就比较容易了。

## 三、C 语言程序结构

下面介绍两个 C 语言程序，要注意基本格式、标点符号、对齐方式几个方面，从而掌握 C 语言程序的基本结构。

例 1-1  在屏幕上输出 "This is a sample of c program."。

```c
# include < stdio. h >
void main( )    / * 主函数 * /
{
    printf("This is a sample of c program. \n");
                    / * 调用标准函数,显示引号中的内容 * /

}
```

程序运行结果如下：

This is a sample of c program.

说明：这是一个仅由 main( ) 函数（也叫主函数）构成的 C 语言程序。/ * … * /表示注释，只是对程序起到说明作用，程序执行时注释语句不执行。花括号 | | 表示 main( ) 函数的开始和结束。

# include < stdio. h >是编译预处理命令。C 语言规定，调用系统提供的标准库函数时，必须在程序开头使用这种命令，将库函数的函数原型所在的头文件包含进来。由于本程序中用到的 printf( ) 是标准的输出库函数，所以要在程序的开头加上# include < stdio. h >

命令。

例1-2　输入两个整数，输出其中的大数。

```
#include <stdio.h>              /*头文件(含输入/输出函数)*/
int   max(int x,int y);        /*函数说明*/
void   main()                  /*主函数*/
{
    int a,b,c;                 /*定义变量*/
    printf("请输入两个整数:");   /*显示提示信息*/
    scanf("%d%d",&a,&b);        /*键盘输入变量*/
    c=max(a,b);                /*调用max,将调用结果赋给c*/
    printf("a=%d,b=%d,max=%d\n",a,b,c);   /*输出变量的值至显示器*/
}
int   max(int x,int y)         /*用户自定义函数,计算两个整数中较大的数*/
{
    return (x>y? x:y);         /*返回x、y中最大值,通过max带回调用处*/
}
```

程序运行结果如下：

```
请输入两个整数:6  23   回车
a=6,b=23,max=23
```

说明：本程序是由 main() 函数和一个用户自定义函数 max() 构成的 C 语言程序。max() 函数的功能是求两个整数的最大值，由主函数调用 max() 完成求任意两个整数中较大数的功能。

通过上面的例子总结出 C 语言程序结构的主要特点如下：

1）函数是组成 C 语言结构化程序的最小模块。一个完整的 C 语言程序是由一个或多个函数构成的，必须有且只能有一个主函数 main()。

2）一个 C 语言程序中总是从 main() 函数开始执行的，不管 main() 函数出现在整个程序的哪个位置。

3）C 语言程序使用"；"作为语句的终止符或分隔符。C 语言程序书写自由，即一行中可以有多个语句，一个语句也可以占用多行，语句之间必须用"；"分隔。

4）C 语言程序中用"｛｝"表示程序结构和层次范围。注意"｛｝"必须配对使用。

5）可以对 C 语言程序作注释，主要是对程序功能的必要说明和解释。注释部分的格式是：/*注释内容*/，注释内容可放在程序的任何部分，只要不把一个语句隔开就行。

## 四、标识符、常量和变量

### 1. 标识符

C 语言用来标识变量名、符号常量名、函数名、数组名、类型名、文件名的有效字符序列称为标识符。标识符的长度可以是一个或多个字符。C 语言规定标识符只能由字母（A～

Z 或 a ~ z)、数字（0 ~ 9）和下画线（_）3 种字符组成，而且第一个字符必须为字母或下画线。例如，a1、s_1、_3 、ggde2f_1、PI 都是合法的标识符，而 123、d@ si、s * b、+ d、b > 3 都是不合法的标识符。

ANSI 标准规定，标识符可以为任意长度，但外部名必须至少能由前 8 个字符唯一区分（这里外部名是指在链接过程中所涉及的标识符，其中包括文件间共享的函数名和全局变量名）。这是因为对某些仅能识别前 8 个字符的编译程序而言，下面的外部名将被当作同一个标识符处理：counters、counters1、counters2。

ANSI 标准还规定内部名必须至少能由前 31 个字符唯一地区分。内部名是指仅出现于定义该标识符的文件中的那些标识符。

C 语言中的字母是有大小写区别的，如 count、Count、COUNT 是 3 个不同的标识符。标识符不能和 C 语言的关键字相同，也不能和用户已编制的函数或 C 语言库函数同名。

关键字是 C 语言内部规定了特殊含义的标识符，只能用作某些规定用途。下面列出的是 C 语言常用的关键字：break、case、char、class、const、continue、delete、do、double、else、for、friend、float、int、if、long、new、private、protected、public、return、short、sizeof、static、switch、void、whlie。

2. 常量与符号常量

在程序运行过程中，其值不能被改变的量称为常量。C 语言中常用的常量主要有 3 类：整型常量、实型常量、字符型常量。整型常量和实型常量又称为数值型常量，它们有正值和负值之分，如 123、- 89、0 都是整型常量，- 2.75、3.7856 都是实型常量。字符型常量是用单引号括起来的一个字符，如 'a'、'9'、'$' 等。这些都是字面上的常量，除此之外，C 语言中可以用一个符号名来代表一个常量，称为符号常量。

例 1-3　符号常量的使用。

```c
/*计算圆的面积*/
#include < stdio. h >
#define   PI   3. 1415926
void   main( )
{
    float r,area;
    r = 6. 0;
    area =  PI * r * r;
    printf( "area = % f\n" ,area) ;
}
```

程序中用#define 命令行定义 PI 代表符号常量 3. 141 592 6，此后凡在该程序中出现的 PI 都代表 3. 141 592 6，可以和常量一样进行运算。

使用符号常量有以下好处：

1) 含义清楚。定义符号常量时应考虑"见名知意"。

2) 改变一个常量时能做到"一改全改"。

通常符号常量采用大写字母表示，用 define 定义时，前面必须以 "#" 开头，命令行最后不加分号。

3．变量

在程序运行过程中其值可以改变的量称为变量。程序中所用到的变量都必须有一个合法的标识符，这个标识符称为变量名。习惯上，变量名用小写字母命名。

一个变量实质上是代表了内存中的一个存储单元。在程序中，定义了一个变量 a，实际上是给用 a 命名的变量分配了一个存储单元，用户对变量 a 进行的操作就是对该存储单元进行的操作；给变量 a 赋值，实质上就是把数据存入该变量所代表的存储单元中。

C 语言规定，程序中所有变量必须先定义后使用。变量也有整型变量、实型变量、字符变量等不同的类型。在定义变量的同时要说明其类型，系统在编译时就能根据其类型为其分配相应的存储单元。

## 五、C 语言的数据类型

C 语言的数据类型及其分类关系如图 1-1 所示。从图中可看到，C 语言的数据类型由基本类型、构造类型、指针类型及空类型 4 部分组成。下面主要介绍基本类型，其他数据类型在后续模块中陆续介绍。

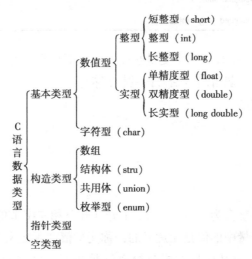

图 1-1　C 语言的数据类型及其分类关系

1．整型数据

（1）整型常量

整型常量即整常数，C 语言中的整型常量有以下 3 种表示形式。

1）十进制整数：由数字 1~9 或 - 开头，其余各位由 0~9 组成，如 12、-965 等。

2）八进制整数：由数字 0 开头，其余各位由 0~7 组成。在书写时要加前缀 0（零）。

例如：$0123 = (123)_8 = 83$

$$-011 = (-11)_8 = -9$$

3）十六进制整数：由 0x 或 0X 开头，其余各位由 0~9 与字母 a~f（0X 开头时输出为

A ~ F) 组成。在书写时要加前缀 0x 或 0X。

例如: 0x1a = 26

  − 0X12 = − 18

(2) 整型变量

1) 整型变量的类型。整型变量的标识符是 int。一个整型变量可以存放一个整数。C 语言提供的整型变量类型见表 1-1。C 语言标准没有具体规定各种整数类型所占用的字节数,只要求 long 型数据长度不短于 int 型,short 型不长于 int 型。具体如何实现,由各计算机系统自行决定,不同的编译系统是不一样的。如 TC 中的 short、int 都是 16 位,long 是 32 位;VC ++ 6.0 中的 int、long 都是 32 位,而 short 是 16 位。

表 1-1  整型变量类型

| 类  型 | 类 型 名 | 字节 (VC ++ 6.0)/B | 取值范围 |
|---|---|---|---|
| 基本整型 | [signed] int | 4 | − 2 147 483 648 ~ 2 147 483 647 |
| 短整型 | [signed] short [int] | 2 | − 32 768 ~ 32 767 |
| 长整型 | [signed] long [int] | 4 | − 2 147 483 648 ~ 2 147 483 647 |
| 无符号整型 | unsigned [int] | 4 | 0 ~ 4 294 967 295 |
| 无符号短整型 | unsigned short [int] | 2 | 0 ~ 65 535 |
| 无符号长整型 | unsigned long [int] | 4 | 0 ~ 4 294 967 295 |

2) 整型变量的定义。在 C 语言中变量必须先定义后使用。在定义变量时,方括号内的部分是可以省略不写的,一般省略方括号内的标识符。

变量定义的基本格式如下:

类型标识符  变量 1,变量 2,变量 3,……;

例如: short  s;       /*定义 s 为短整型变量*/

    int  i,j,k;       /*定义 i、j、k 为基本整型变量*/

    long  n;       /*定义 n 为长整型变量*/

以上语句在编译时系统会为 s、i、j、k、n 分别开辟相应字节的空间,而没有在存储单元中存放任何值。此时变量中的值是无意义的,称变量值 "无定义"。

C 语言规定,可以在定义变量的同时给变量赋初值,也称为变量的初始化。尽可能在定义变量的同时初始化该变量(就近原则),如果变量的引用处和其定义处相隔比较远,则变量的初始化很容易被忘记。如果引用了未被初始化的变量,则可能会导致程序错误。

例如: int  i,j,s = 0;    /*定义 i、j、s 为整型变量,s 初始化为 0*/

例 1-4  整型变量的定义与使用。

```
#include < stdio. h >
void   main( )
{
    int a,b,c,d;
```

```
    unsigned u;
    a = 12;
    b = -24;
    u = 10;
    c = a + u;
    d = b + u;
    printf("%d,%d\n",c,d);
}
```

程序的运行结果如下：

22, -14

在设计程序时，应该注意变量类型的取值范围，当赋值超过其取值范围时会出现溢出错误。例如，short 型变量 a 被赋予大于最大允许值 32 767 时会出现溢出错误，即 a = 32 767 + 1 并不会得到预期的结果。注意：这种溢出错误在运行时并不报告。

例 1-5　整型数据的运算。

```
#include < stdio. h >
void    main()
{
    short a,b;
    a = 32767;
    b = a + 1;
    printf("a = %d,a + 1 = %d\n",a,b);
    a = -32768;
    b = a - 1;
    printf("a = %d,a - 1 = %d\n",a,b);
    getch();
}
```

程序的运行结果如下：

a = 32767,a + 1 = -32768
a = -32768,a - 1 = 32767

(3) 整型常量的类型

整型常量不必使用强制类型说明就可以直接使用，当遇到整型常量时，编译器会自动根据其值将该常量认定为相应的类型，保证其按适当的类型参与运算。一个整数，其值为 -32 768 ~ 32 767 时，被认为是短整型，可以把它赋给 int 型、short 型、long 型变量；若其值超出了此范围，而是 -2 147 483 648 ~ 2 147 483 647 时，则被认为是长整型，可以把它赋给 int 型、long 型变量。

一个整型常量后加 U 或 u，则被认为是 unsigned 型，在内存中按 unsigned 型规定的方式存放。一个整型常量后加 L 或 l，则被认为是 long 型，在内存中按 long 型规定的方式存放。

2. 实型数据

（1）实型常量

实型常量又可以称为实数或浮点数。它有两种表示形式：十进制小数形式和指数形式。

1）十进进制小数形式由数字和小数点组成。小数点前表示整数部分，小数点后表示小数部分，小数点不可省略，整数部分和小数部分不可同时省略。

2）指数形式又称科学计数法，包括整数部分、小数部分和指数部分，其具体格式如下：

<整数部分＞.＜小数部分＞e＜指数部分＞

e（也可用 E）是指数符号。小数点之前是整数部分，小数点之后是小数部分，它们是可以省略的。小数点在没有小数时可省略。

指数部分用 E 或 e 开头，幂指数可以为正整数或负整数，基数为 10。例如，1.575E10 表示为 $1.575 \times 10^{10}$。

注意字母 E 或 e 之前必须有数字，且 E 或 e 后面指数必须为整数，如 e3、2.1e3.5、.e3、e 等都是不合法的指数形式。

在不加说明的情况下，实型常量为正值。如果表示负值，需要在常量前使用负号。指数形式表示很大或很小的数比较方便。

下面是一些实型常量的示例：

15.75　1.575E10　1575e－2　－0.0025　－2.5e－3　25E－4

实型常量的整数部分为 0 时可以省略，以下形式是允许的：

.57　.0075e2　－.125　－.175E－2

（2）实型变量

1）实型变量的类型。一个实型变量可以存放一个实数。C 语言提供的实型变量类型见表 1-2。

表 1-2　实型变量类型

| 类　　型 | 类　型　名 | 字节（VC＋＋6.0）/B | 取值范围 |
|---|---|---|---|
| 实型 | float | 4 | $-3.4 \times 10^{38} \sim -3.4 \times 10^{-38}$<br>0<br>$3.4 \times 10^{-38} \sim 3.4 \times 10^{38}$ |
| 双精度型 | double | 8 | $-1.7 \times 10^{308} \sim -1.7 \times 10^{-308}$<br>0<br>$1.7 \times 10^{-308} \sim 1.7 \times 10^{308}$ |
| 长双精度型 | long double | 10 | $-1.2 \times 10^{4932} \sim -1.2 \times 10^{-4932}$<br>0<br>$1.2 \times 10^{-4932} \sim 1.2 \times 10^{4932}$ |

2）实型变量的定义。对于每一个实型变量也都应该先定义后使用，也可以在定义变量的同时进行初始化。例如有以下定义：

```
float    a,b;                /*定义 a、b 为单精度型变量*/
double   x,y,z;             /*定义 x、y、z 为双精度型变量*/
double t = 1.0,s = 0;       /*定义变量 t、s 为双精度型变量,同时进行了初始化*/
```

在内存中，实数都是以指数形式存放的。注意：计算机可以精确地存放一个整数，不会出现误差，但实数往往存在误差。由于实数存在舍入误差，所以使用时要注意以下几点：

① 不要试图用一个实数精确表示一个大整数，因为浮点数是不精确的。

② 实数一般不判断"相等"，而是判断接近或近似。

③ 避免直接将一个很大的实数与一个很小的实数相加、相减，否则会"丢失"小的数。

### 3. 字符型数据

#### （1）字符常量

C 语言中有两种类型的字符常量：普通字符和转义字符。

1）普通字符。普通字符是指用一对单引号括起来的一个字符，例如 'a'、'9'、'@'。字符常量中的单引号只起定界作用并不表示字符本身。单引号中的字符不能是单引号（'）和反斜杠（\），它们特有的表示法在转义字符中介绍。

在 C 语言中，字符是按其所对应的 ASCII 码值来存储的，一个字符占一个字节。每个字符都有一个整数值，即该字符的 ASCII 码值（见附录 A）。因此，一个字符常量可以与整型数进行加减运算。例如 'a' + 10 运算是合法的，由于小写字符 'a' 的 ASCII 码值是 97，所以 'a' + 10 = 107。

2）转义字符。转义字符是 C 语言中表示字符的一种特殊形式。通常使用转义字符表示 ASCII 代码字符集中不可打印的控制字符和特定功能的字符，如用于表示字符常量的单引号（'），用于表示字符串常量的双引号（"）和反斜杠（\）等。转义字符用反斜杠"\"后面跟一个字符或一个八进制（或十六进制数）表示。C 语言中常用的转义字符见表 1-3。

表 1-3　C 语言中常用的转义字符

| 转义字符 | 意　义 | ASCII 码值（十进制） |
|---|---|---|
| \a | 响铃（BEL） | 007 |
| \b | 退格（BS） | 008 |
| \f | 换页（FF） | 012 |
| \n | 换行（LF） | 010 |
| \r | 回车（CR） | 013 |
| \t | 水平制表（HT） | 009 |
| \v | 垂直制表（VT） | 011 |
| \\ | 反斜杠 | 092 |
| \' | 单引号字符 | 039 |
| \" | 双引号字符 | 034 |
| \0 | 空字符（NUL） | 000 |
| \ddd | 任意字符 | 三位八进制 |
| \xhh | 任意字符 | 二位十六进制 |

表中列出的前 7 个转义字符是将反斜杠（\）后面的字符转换成另外的意义，如 '\n' 中的 n 不代表字母 n 而作为"换行"符。

当在字符常量中使用单引号、双引号和反斜杠时，都必须使用转义字符表示，即在这些字符前加上反斜杠。

表中的最后两行是用 ASCII 码（八进制和十六进制）表示的一个字符，\ddd 为斜杠后面跟三位八进制数，该三位八进制数的值即为对应的八进制 ASCII 码值。\x 后面跟两位十六进制数，该两位十六进制数为对应字符的十六进制 ASCII 码值。

例如，'\101' 和 '\x41' 都代表 ASCII 码（十进制）为 65 的字符 'A'。请注意：'\0' 是代表 ASCII 码为 0 的控制字符，即"空操作"字符，它将用在字符串中。

**例 1-6**　转义字符的使用。

```
#include < stdio. h >
void    main( )
{
    printf( "ab\tcde\n" ) ;
    printf( "f\101\n" ) ;
}
```

程序的运行结果如下：

```
ab cde
fA
```

**（2）字符串常量**

字符串常量是由双引号括起来的一串字符。

例如 "How are you ? "、"CHINA"、"a"、"中国"。

C 语言规定，在每个字符串的结尾加一个字符串结束标志，以便系统据此判断字符串是否结束。C 规定以 '\0'（ASCII 码为 0 的字符）作为字符串结束标志。

字符常量与字符串常量的区别如下：

1）两者的表示形式不同，字符常量用单引号作为定界符，字符串常量用双引号作为定界符。

2）字符常量通常可以给字符变量赋值，而字符串常量通常被存放在一个字符数组中。

3）字符串常量要有一个结束符，而字符常量没有结束符，只有一个字符。例如，'a' 是字符常量，占 1B 内存；"a" 则是字符串常量，占 2B 内存；"" 是空串，但它却占 1B 放字符串结束标志 '\0'。

4）字符常量与字符串常量的运算不同。字符常量除了可以比较外，还可以相减，并且可以与整型数进行加减运算。

**例 1-7**　请计算出下列算式的值。

◆ 'B' – 'A' = 66 – 65 = 1

◆ 'a' + 1 = 97 + 1 = 'b'

◆ 'b' – 32 = 98 – 32 = 66 = 'B'　　　（大小写字母之间的转换）

◆ '9' – '0' = 57 – 48 = 9　　　　　（数字字符转换成数字）

◆ 'a' > 'A'　此表达式的值为 1　　（因为 97 > 65）

5）字符常量输出可以使用 printf( ) 函数的 % c 和 % d 格式符，分别输出字符常量的字符符号和字符的 ASCII 码值。字符串常量输出使用 printf( ) 函数的 % s 格式符。

（3）字符变量

字符变量用来存放字符数据，只能存放一个字符。C 语言中，字符变量用关键字 char 进行定义，在定义的同时也可以初始化。

例如有以下定义：

char c1,c2,c3;　　　　/ * 定义 c1、c2、c3 为字符变量 * /

char ch = 'A';　　　　/ * 定义 ch 为字符变量,同时进行了初始化 * /

所有编译系统都规定以一个字节来存放一个字符，或者说，一个字符变量在内存中占一个字节。当把字符放入字符变量时，字符变量中的值就是该字符的 ASCII 码值，这使得字符型数据和整型数据之间可以通用（当作整型量），具体表现如下：

1）可以将整型常量赋值给字符变量，也可以将字符常量赋值给整型变量。

2）可以对字符数据进行算术运算，相当于对其 ASCII 码进行算术运算。

3）一个字符数据既可以以字符形式输出（ASCII 码对应的字符），也可以以整数形式输出（直接输出 ASCII 码）。

例 1-8　请将小写字母转换为大写字母。

ASCII 码表中小写字母比对应的大写字母的 ASCII 码大 32。通过本例可以看出允许字符数据与整数直接进行算术运算，运算时字符数据用 ASCII 码值参与运算。

```
#include < stdio. h >
void main( )
{
    char c1,c2;
    c1 = 'a';
    c2 = 'b';
    c1 = c1 – 32;
    c2 = c2 – 32;
    printf( "% c,% c\n",c1,c2);
    printf( "% d,% d\n",c1,c2);
}
```

程序的运行结果如下：

A,B
65,66

六、C 语言的常用运算符和表达式

C 语言提供了丰富的运算符和表达式，这为编程带来了方便。C 语言运算符的主要作用是与操作数构造表达式，实现某种运算。表达式是 C 语言中用于实现某种操作的算式，通常用表达式加分号组成 C 语言程序中的语句。

运算符可以按其操作数的个数分为 3 类：单目运算符（一个操作数）、双目运算符（两个操作数）、三目运算符（3 个操作数）。

运算符按其优先级的高低分为 15 类。优先级最高的为 1 级，依次为 2 级……具体见附录 B。

运算符按其功能分为算术运算符、关系运算符、逻辑运算符、赋值运算符、逗号运算符、条件运算符、自增自减运算符等。

下面按运算符的功能分类介绍几种常用的运算符及其所构成的表达式。

1. 算术运算符和算术表达式

常见的算术运算符有双目运算符（ + 、 − 、 * 、／、%）和单目运算符。运算规则与代数运算基本相同，但有以下不同之处：

（1）除法运算（／）

如果两个整数相除，则商为整数，小数部分舍弃。

例如：$5/2 = 2$　　　而　$5.0/2 = 2.5$

（2）求余数运算（%）

参加运算的两个操作数均应为整数，否则出错。运算结果是整除以后的余数。在 VC ++ 6.0 中运算结果的符号与被除数相同。

例如：$9\%5 = 4$　　　　$-7\%3 = -1$　　　　$7\% -3 = 1$

用算术运算符和圆括号将运算对象（也称操作数）连接起来的、符合 C 语言语法的式子称为算术表达式。运算对象可以是常量、变量、函数等。

C 语言算术表达式的书写形式与数学表达式的书写形式有一定的区别。

1）C 语言算术表达式的乘号（ * ）不能省略。例如，数学式 $b^2 - 4ac$，相应的语言 C 表达式应该写成：$b * b - 4 * a * c$。

2）C 语言表达式中只能出现字符集允许的字符。例如，数学 $\pi r^2$ 相应的 C 语言表达式应该写成：$PI * r * r$（其中 PI 是已经定义的符号常量）。

3）C 语言算术表达式不允许有分子分母的形式。

4）C 语言算术表达式只使用圆括号改变运算的优先顺序（不能用 ｛｝、［］）。可以使用多层圆括号，左右括号必须配对，运算时从内层括号开始，由内向外依次计算表达式的值。

算术运算符和圆括号的优先级高低次序如下：

（ ）→ + （正号）、 − （负号）→ * 、／、% → + 、 −

以上所列的运算符中，只有正、负号运算是自右向左的结合性，其余运算符都是自左向右的结合性。

例如，下面两个都是合法的 C 语言算术表达式。

① $a * b/c - 1.5 + 'a'$　　　② $2.5 + sqrt\ (x + y)$

2. 赋值运算符和赋值表达式

（1）赋值运算

C 语言中，符号 " = " 是一个运算符，称为赋值运算符。由赋值运算符构成的表达式称为赋值表达式，其基本格式如下：

变量名 = 表达式；

赋值运算的功能是先计算右边表达式的值，然后将此值赋给左边的变量，即存入以该变量为标识的存储单元中。

例如：x = 10；　　　　/ * 将常数 10 赋给变量 x * /

n = n + 1；　　　　/ * 将变量 n 的值加上 1 后再赋给变量 n * /

说明：

1）赋值号的左边必须是一个代表某个存储单元的变量名，右边必须是合法 C 语言表达式，且数据类型要匹配。当赋值运算符两边数据类型不同时，将由系统自动进行类型转换。转换原则是先将赋值号右边表达式的类型转换为左边变量的类型，然后赋值。

2）在程序中可以多次给一个变量赋值，每赋一次值，与它相应的存储单元中的数据就被更新一次，内存中当前的数据是最后一次所赋的那个值。

3）赋值运算符不同于数学上的"等于号"，它没有相等的含义。例如，C 语言中 x = x + 1 是合法的（数学上不合法），它的含义是取出变量 x 的值加 1，再存放到变量 x 中。

4）赋值运算符的优先级仅高于逗号运算符，比其他任何运算符的优先级都低，且具有自右向左的结合性。

5）赋值运算符右边的表达式也可以是一个赋值表达式。例如，x = y = 1，按照自右向左的结合性，先把 1 赋给变量 y，再把变量 y 的值赋给 x。

6）C 语言规定，赋值表达式中最左边变量中所得到的新值就是整个赋值表达式的值。

（2）复合赋值运算

复合赋值运算符有 5 个： + = 、 − = 、 * = 、 / = 、% = 。

采用复合赋值运算符一方面是为了简化程序，使程序简练；另一方面是为了提高编译效率。复合赋值运算符的优先级比算术运算符低，是自右向左的结合性（注意看同级运算符）。

例如：

n + = 1　　　　　等价　n = n + 1

n * = m + 3　　　等价　n = n * ( m + 3 )

a + = a − = a + a　等价　a = a + ( a = a − ( a + a ) )

若 a 为 6，则表达式的值是多少?

3. 自增、自减运算符和表达式

自增、自减运算属于单目运算。++ 是自增运算符，使单个变量的值增1。−− 是自减运算符，使单个变量的值减1。其表达式有以下两种格式：

1）++i、−−i（前置运算）：先自增或减，再参与运算。

2）i++、i−−（后置运算）：先参与运算，再自增或减。

自增、自减运算符只用于变量，不能用于常量或表达式。

例如，6 ++ 、( a + b ) ++ 、( − i ) ++ 都不合法。

自增、自减运算的结合方向是"自右向左"（与一般算术运算符不同），其运算优先级仅次于圆括号。

例如，有表达式 – i ++，其中 i 的值为 3。由于负号运算符与自增运算符的优先级相同，其结合性是"自右向左"，即相当于 – (i ++)。此时"++"属于后缀运算符，表达式的值为 –3，i 的值为 4。

自增、自减运算符常用于循环语句中，使循环变量自动加 1，也用于指针变量，使指针指向下一个地址。

例 1-9  自增、自减运算符的应用。

```
#include < stdio. h >
void   main( )
{
    int a,b,x = 6;
    a = x ++;
    b = x;
    printf("% d,% d\n",a,b);
    x = 6;
    a = ++x;
    b = x;
    printf("% d,% d\n",a,b);
}
```

程序运行结果如下：

6,7
7,7

4. 强制类型转换运算符

在计算算术表达式时，C 语言会自动转换数据类型，使得参加运算的数据类型一致，这样的自动转换称为"隐式转换"。

C 语言还允许编程者按照自己的需要把指定的数据转换成指定的类型，这样的转换称为"显式转换"或"强制类型转换"。

强制类型转换的一般格式如下：

(类型标识符) (表达式)

例如：(int)a;

(int)(x + y);

(float)(a + b);

说明：

1) 无论是隐式转换还是强制转换都是临时转换，不改变数据本身的类型和值。

2) 强制类型转换的结合方向是"自右向左"，其运算优先级高于双目运算符，但低于正、负号运算符。

例 1-10  强制类型转换的应用。

```
#include < stdio. h >
```

```
void    main( )
{
    float f = 8. 25 ;
    int x ;
    x = ( int) f ;
    printf( " ( int) f = % d \n" , x ) ;
    printf( "f = % f \n" , f ) ;
}
```

程序运行结果如下：

```
( int) f = 8
f = 8. 250000
```

5. 关系运算符和关系运算表达式

关系运算是逻辑运算中比较简单的一种，"关系运算"就是"比较运算"，即将两个值进行比较，判断是否符合或满足给定的条件。如果符合或满足给定的条件，则称关系运算的结果为"真"，用"1"表示，所有非 0 值都为"真"；如果不符合或不满足给定的条件，则称关系运算的结果为"假"，用"0"表示。

（1）关系运算符

C 语言提供了以下 6 种关系运算符：<（小于）、< =（小于或等于）、>（大于）、> =（大于或等于）、= =（等于）、! =（不等于）。

关系运算符是双目运算符，具有自左向右的结合性。

关系运算符的优先级低于算术运算符，但高于赋值运算符。其中，<、< =、>、> = 的优先级相同，= =、! = 的优先级相同，且前 4 种的优先级高于后两种。

（2）关系表达式

关系表达式就是用关系运算符将合法的表达式连接起来的式子。

例如：

| | | |
|---|---|---|
| c > a + b | 等价于 | c > ( a + b) |
| a > b = = c | 等价于 | ( a > b) = = c |
| a = b > c | 等价于 | a = ( b > c) |

关系表达式的值是一个逻辑值，即"真"或"假"。C 语言没有逻辑型数据，以 1 代表"真"，以 0 代表"假"。

例 1-11　关系运算实例。

假如 a = 3，b = 2，c = 1，则：

◆ a > b 的值为"真"，即表达式的值为 1。

◆ b + c < a 的值为"假"，即表达式的值为 0。

◆ a − b > c 的值为"假"，即表达式的值为 0。

◆ a = = b + c 的值为"真"，即表达式的值为 1。

### 6. 逻辑运算符和逻辑表达式

关系表达式只能描述单一条件，如果需要描述 "x >= -9" 且 "x <= 9"，就不能用 " -9 <= x <= 9" 写法，必须借助于逻辑运算符和逻辑表达式。

（1）逻辑运算符

C 语言提供了以下 3 种逻辑运算符：

1）！（逻辑非），相当于 "否定"，条件为真，运算后为假，条件为假，运算后为真。

2）&&（逻辑与），相当于 "并且"，只在两条件同时成立时才为 "真"，否则为 "假"。

3）‖（逻辑或），相当于 "或者"，两个条件只要有一个成立时即为 "真"，否则为 "假"。

其中，&& 和 ‖ 是双目运算符，！是单目运算符。逻辑非运算的优先级最高，逻辑与次之，逻辑或最低。逻辑运算符与算术运算符、关系运算符之间的运算优先级从高到低的次序是：！（逻辑非）、算术运算符、关系运算符、&&（逻辑与）、（‖）逻辑或、赋值运算符。

（2）逻辑表达式

由逻辑运算符和任意合法的表达式组成的式子称为逻辑表达式。逻辑运算的结果为逻辑值，即只有 1 和 0 两种可能。也就是说，系统给出的逻辑运算结果不是 0 就是 1，不可能是其他数值。在逻辑表达式中作为参与逻辑运算的运算对象可以是 0，也可以是任何非 0 的数值（按 "真" 对待）。事实上，逻辑运算符两侧的对象不但可以是 0 和非 0 的整数，也可以是任何类型的数据（如字符型、实型、指针型）。

**例 1-12** 逻辑运算符的实例。

假设 a = 5，b = 12，x = 9，y = 9。

◆ b&&x > y     等价于 (a > b)&&(x > y)，其值为 0。

◆ a == b ‖ x == y     等价于 (a == b) ‖ (x == y)，其值为 1。

◆ !a ‖ a > b     等价于 (!a) ‖ (a > b)，其值为 0。

### 7. 逗号运算符和逗号表达式

逗号运算符（,）又称为顺序求值运算符。用逗号运算符可以将若干个表达式连接起来构成一个逗号表达式。它的运算优先级是最低的，其基本格式如下：

表达式 1，表达式 2，……，表达式 n

在执行时，先计算表达式 1 的值，然后依次计算其后面的各个表达式的值，最后求表达式 n 的值，并将最后一个表达式的值作为整个逗号表达式的值。

**例 1-13** 逗号运算符的实例。

◆ 3 + 5，7 - 2     逗号表达式的值为 5。

◆ a = 3 * 2，a * 4     逗号表达式的值为 24，变量 a 的值为 6。

◆ a = 3 * 2，a + 4，a + 6     逗号表达式的值为 12，变量 a 的值为 6。

◆ x = a = 3，6 * a     逗号表达式的值为 18，变量 x、a 的值均为 3。

◆ x = (a = 3，6 * a)     这不是一个逗号表达式，而是一个赋值表达式，表达式的值为

18，变量 a 的值为 3，x 的值为 18。

### 8. 条件运算符和条件表达式

C 语言中的条件运算符由问号（?）和冒号（:）组成。它是 C 语言中唯一的一个三目运算符，要求 3 个运算对象同时参加运算。条件表达式的格式如下：

表达式 1? 表达式 2：表达式 3

条件表达式的计算过程是：先计算表达式 1 的值，若表达式 1 的值为非 0，则计算表达式 2 的值，并将此值作为整个条件表达式的值；若表达式 1 的值为 0，则计算表达式 3 的值，并将此值作为整个条件表达式的值。

例如：

$$sum = (a >= b + 3?\ 5:a) = \begin{cases} 3(\text{当 } a = 3, \ b = 5 \text{ 时}) \\ 5(\text{当 } a = 3, \ b = 0 \text{ 时}) \end{cases}$$

条件运算符的优先级仅比赋值运算符高，是自右向左的结合性。

例如，$y = a * b < 0?\ a + 1:b > 4?\ 3:b/5$ 相当于 $y = (a * b < 0)?\ (a + 1):((b > 4)?\ 3:(b/5))$，即按照自右向左的顺序，首先处理右边的条件表达式，将求得的表达式的值代入，然后再处理左边的条件表达式。

**例 1-14**　条件运算符的实例。

（1）写出使 y 等于 x 的绝对值的表达式。

$y = ((x > 0)?\ x: -x)$

（2）写出把字符变量 c 中的小写字母转换成大写字母的表达式，其他字符保持不变。

$c = (((c >= 'a') \&\& (c < 'z'))?\ (c - 32):c)$

### 9. 各种数据类型之间的转换

在 C 语言中，字符型数据与整型数据可以通用，整型、单精度型和双精度型数据可以混合运算。运算时，不同的数据类型首先要转换成同一种类型，然后再进行换算。当然，转换要遵循一定的规则。

1）当运算对象数据类型不相同时，字节短的数据类型自动转换成字节长的数据类型。例如，char 字符型转换成 int 整数，short int 型转换成 int 型，float 型数据转换成 double 型等。

2）当运算对象类型不同时，如果是 int 型转换成 unsigned 型进行运算，则将 int 型转换成 unsigned 型，运算结果为 unsigned 型；如果是 int 型与 double 型进行运算，则将 int 型直接转换成 double 型，运算结果为 double 型；如果是 int 型与 long 型进行运算，则将 int 型直接转换成 long 型，运算结果为 long 型。其实这些转换都是系统自动完成的，即前面提到的隐式转换。标准类型数据转换规则如图 1-2 所示。

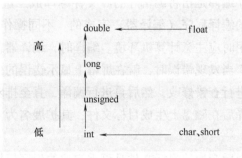

图 1-2　标准类型数据转换规则

## 第二部分 项目教学

### 项目一 用 Microsoft Visual C++ 6.0 环境开发一个 C 语言程序

**1. 项目描述**

编程实现以下功能：输入矩形的两条边长，求矩形的面积。

程序代码如下：

```
/ * jxmj. c */
#include < stdio. h >              / * 头文件(含输入/输出函数) */
void   main( )                     / * 函数名(形参表)  主函数 */
{
    float a,b,area;                / * 变量声明 */
    scanf("% f% f" ,&a,&b);        / * 键盘输入变量 */
    area = a * b;                  / * 计算 */
    printf("area = % f\n" ,area);  / * 输出变量的值至显示器 */
}
```

请在 Microsoft Visual C++ 6.0 环境中实现以上程序。

**2. 项目目标**

学会用 Microsoft Visual C++ 6.0 环境开发 C 语言程序的基本流程。

**3. 项目分析**

开发一个 C 语言程序包括以下 4 步。

（1）程序设计

程序设计也称程序编辑。程序员用任一编辑软件（编辑器）将编写好的 C 语言源程序输入计算机，并以文本文件的形式保存在计算机的磁盘上。编辑的结果是建立 C 语言源程序文件。C 语言程序习惯上使用小写英文字母，常量和其他用途的符号可用大写字母。C 语言对大、小写字母是有区别的。关键字必须小写。

（2）程序编译

程序编译是指将编辑好的源文件翻译成二进制目标代码的过程。编译过程是使用 C 语言提供的编译程序（编译器）完成的。不同操作系统下的各种编译器的使用命令不完全相同，使用时应注意计算机环境。编译时，编译器首先要对源程序中的每一个语句进行语法错误检查，当发现错误时，就在屏幕上显示错误的位置和错误类型的信息。此时，要再次调用编辑器进行查错修改，然后再进行编译，直至排除所有语法和语义错误。正确的源程序文件经过编译后在磁盘上生成目标文件，其扩展名为 . obj。

（3）链接程序

编译后产生的目标文件是可重定位的程序模块，不能直接运行。链接就是把目标文件和其他分别进行编译生成的目标程序模块（如果有的话）及系统提供的标准库函数链接在一起，生成可以运行的可执行文件的过程。生成的可执行文件存在磁盘中，其扩展名为 .exe。

（4）程序运行

程序生成可执行文件后，就可以在操作系统控制下运行。若执行程序后达到预期目的，则 C 语言程序的开发工作到此完成，否则要进一步检查修改源程序，重复"编辑→编译→链接→运行"的过程，直到取得预期结果为止。

4. 项目实施

（1）启动 Microsoft Visual C ++ 6.0

在 Windows 桌面上，单击"开始"|"程序"| Microsoft Visual c ++ 6.0 | Microsoft Visual C ++ 6.0 命令，可以看到 Visual C ++ 6.0 的主窗口，如图 1-3 所示。

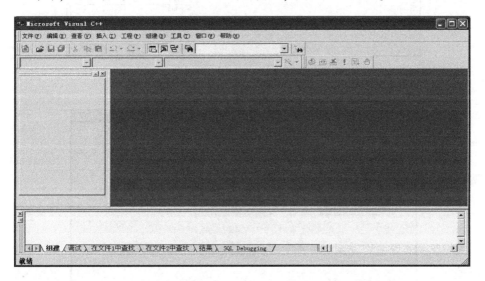

图 1-3　Visual C ++ 6.0 的主窗口

（2）新建工程

在 D 盘的根目录下新建一个名为"jxmj"的工程，其操作步骤如下：

1）在 Microsoft Visual C ++6.0 的主窗口中单击"文件"|"新建"命令，弹出"新建"对话框，如图 1-4 所示。在该对话框中单击选择"工程"标签下的 Win32 Console Application（Win32 控制台应用程序）项，在"工程名称"文本框中输入 jxmj，在"位置"文本框中指定新建工程的路径"D：\jxmj"。

2）单击"确定"按钮，弹出"Win32 Console Application-步骤 1 共 1 步"对话框，选中"一个空工程"单选按钮，如图 1-5 所示。

3）单击"完成"按钮，弹出"新建工程信息"对话框，显示即将新建的 Win32 控制台应用程序的框架说明，如图 1-6 所示。

4）在确认 Win32 控制台应用程序的新建工程信息无误后，单击"确定"按钮，弹出"jxmj- Microsoft Visual C ++"窗口，如图 1-7 所示。

（3）新建源程序文件

1）在"jxml- Microsoft Visual C ++"窗口中单击"工程"|"增加到工程"|"新建"

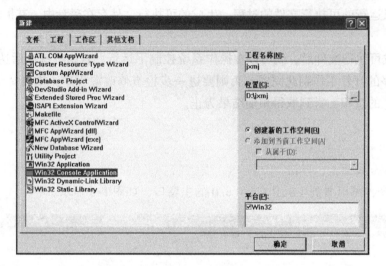

图 1-4　"新建"对话框

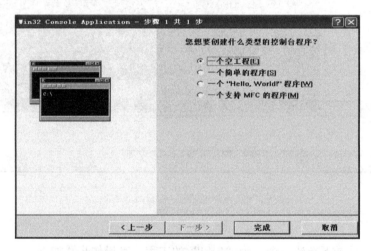

图 1-5　"Win32 Console Application-步骤 1 共 1 步"对话框

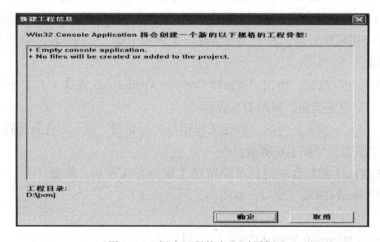

图 1-6　"新建工程信息"对话框

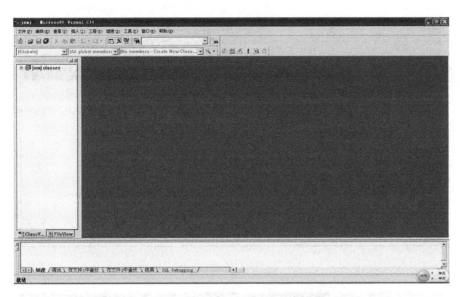

图 1-7　"jxml-Microsoft Visual C++"窗口

命令，弹出"新建"对话框，单击"文件"标签，再选择 C++ Souce File 项，然后在"文件名"文本框中输入 jxmj. c，如图 1-8 所示。

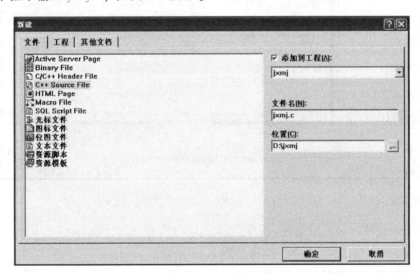

图 1-8　"新建"对话框

2）单击"确定"按钮后，在 jxmj 的工程窗口中会出现源程序文件的编辑窗口，如图 1-9 所示。

3）输入源程序的全部内容，如图 1-10 所示。单击"保存"按钮，将输入的源程序内容保存到 D：\jxmx 工程文件夹中。

C 语言程序中的逗号、分号、圆括号等都有专门的含义，在中文的 Windows 中，要特别注意，不要把它们输入成中文的标点符号。在 C 语言看来，一个西文的逗号与一个中文的逗号是毫不相干的两个符号。

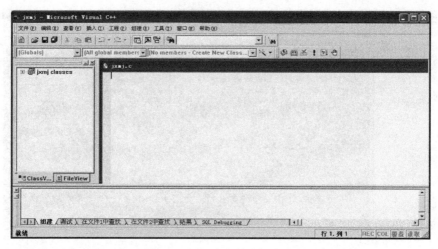

图 1-9　源程序文件编辑窗口

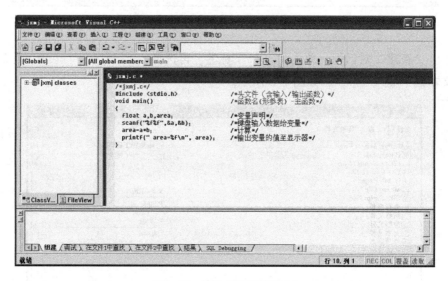

图 1-10　输入的源程序内容

（4）编译程序并生成目标程序

单击"组建"|"编译"命令，结果如图 1-11 所示。

窗口下部输出窗口的最后一行说明在程序中发现了多少错误，如果不是"0 error(s)，0 warning(s)"，则要根据错误提示信息检查输入的程序，纠正错误，然后保存文件，再重复编译，直到没有错误为止。

（5）链接程序并生成可执行程序

单击"组建"|"链接"命令，结果如图 1-12 所示。

（6）运行可执行程序

单击"组建"|"执行"命令，程序运行结果如图 1-13 所示。

本次运行时输入的两个数分别是 5 和 9.5，输入的两个数之间至少有一个以上的空格隔开。观察完运行结果后，按任意键运行窗口消失。

图 1-11　工程编辑窗口中的输出窗口在编译时输出的信息

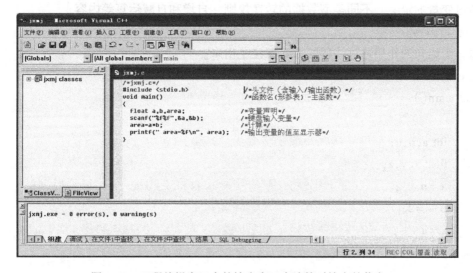

图 1-12　工程编辑窗口中的输出窗口在连接时输出的信息

图 1-13　程序运行结果

## 项目二　本模块基础知识综合应用

### 1. 项目描述

分析下面程序的运行结果。

#include < stdio. h >

```
void   main( )
{
    int a,b,c;
    float x,y,z;
    a = b = 1;
    b + = 2;
    x = a ++ ;y = -- b;
    z = - ( -- b);
    c = (int)z;
    printf("x = % f,y = % f,z = % f\n",x,y,z);
    printf("a = % d,b = % d,c = % d\n",a,b,c);
}
```

2. 项目目标

学习变量的定义、不同类型数据的转换规则、自增和自减运算等内容。

3. 项目分析

每一个语句的作用通过注释的方式标注了出来。

```
#include < stdio. h >
void main( )
{
    int a,b,c;           / * 定义了整型变量 a、b、c */
    float x,y,z;         / * 定义了实型变量 a、b、c */
    a = b = 1;           / * 先将 1 赋给变量 b,再将变量 b 的值 1 赋给变量 a */
    b + = 2;             / * 相当于 b = b + 2,故 b = 3 */
    x = a ++ ;           / * 先将 a 的值 1 赋给 x,故 x = 1.000000,再将 a 增 1,故 a = 2 */
    y = -- b;            / * 先将 b 的值自减 1,故 b = 2,再将 b 的值赋给 y,故 y =
                             2.000000 */
    z = - ( -- b);       / * 先将 b 的值自减 1,故 b = 1,再将 b 的值赋给 z,故 z =
                             - 1.000000 */
    c = (int)z;          / * 将 z 的值强制转换成整型,故 c = -1 */
    printf("x = % f,y = % f,z = % f\n",x,y,z);
    printf("a = % d,b = % d,c = % d\n",a,b,c);
}
```

4. 项目实施

将程序在 VC ++ 6.0 环境下运行，验证一下分析的结果是否正确。

程序的运行结果如下：

```
x = 1.000000,y = 2.000000,z = - 1.000000
a = 2,b = 1,c = - 1
```

## 第三部分　实训目标、任务

### 实训目标

◆ 掌握 C 语言的常量、变量及数据类型转换。

◆ 掌握 C 语言的运算符、优先级和结合性。

◆ 掌握 C 语言的各种表达式的求解过程。

### 实训任务

1. 选择题

（1）C 语言中运算对象必须是整型的运算符是（　　）。

A. % =　　　　　　　B. ／　　　　　　　C. =　　　　　　　D. < =

（2）以下所列的 C 语言常数中，错误的是（　　）。

A. 0xFF　　　　　　B. 1. 2E0. 5　　　C. 2L　　　　　　　D. － . 67

（3）以下选项中能作为用户标识符的是（　　）。

A. void　　　　　　B. 7_9　　　　　　C. _3_　　　　　　D. Dr. Tom

（4）以下所列的 C 语言字符常量中，合法的是（　　）。

A. "B"　　　　　　B. '\n'　　　　　　C. '中国'　　　　D. d

（5）以下选项中正确的定义语句是（　　）。

A. int a;b;　　　　B. int,a,b;　　　　C. int a + b = 6;　　D. int a = 6,b;

（6）以下关于 long、int、short 型数据占用内存大小的叙述中正确的是（　　）。

A. 均占 4B　　　　　　　　　　B. 根据数据的大小来决定所占内存的字节数

C. 由用户自己定义　　　　　　D. 由 C 语言编译系统决定

（7）若有定义语句"int x = 10;"，则表达式 x － = x + x 的值为（　　）。

A. － 20　　　　　　B. － 10　　　　　C. 0　　　　　　　D. 10

（8）表达式（（a = 3 * 5,a + 4），a + 5）的值是（　　）。

A. 20　　　　　　　B. 29　　　　　　C. 60　　　　　　D. 90

（9）若有定义语句"int a = 3,b = 4,c = 5;"，则以下表达式中值为 0 的是（　　）。

A. a&&b　　　　　　　　　　　B. a < = b

C. a‖b + c&&b － c　　　　　　D. !((a < b)&&c‖1)

（10）设有定义"int i; char c; float f;"，以下结果为整型的表达式是（　　）。

A. i + f　　　　　　B. i * c　　　　　C. c + f　　　　　D. i + c + f

2. 填空题

（1）设有"int n = 12;"，则表达式（n ++ * 1/3）的值是_____。

（2）定义变量"char c;int x;float y;double z;"，则表达式 c * x + y － z 所求得的数据类型为_____。

（3）设变量 a 和 b 已正确赋初值，请写出与 a／ = a + b 等价的赋值表达式：_____。

（4）若有语句"double x = 15.5；int y；"，当执行"y = ( int ) ( x /5 ) % 2；"后 y 的值是_____。

（5）若有语句"double y =3.6；"，则执行完" ++y；"语句后，（ ++y）表达式的值是_____，变量 y 的值是_____。

（6）代数式 −2ab +40 −4ac 改写成 C 语言的表达式是_____。

（7）在计算机中，字符的比较是对它们的_____进行比较。

（8）已知字母 a 的 ASCII 码为十进制数 97，且设 ch 为字符变量，则表达式 ch = 'a' + '8' − '3' 的值为_____。

3. 分析下列程序的运行结果

（1）
```
#include < stdio. h >
void   main( )
{
    int a =21,b =11;
    printf("% d\n", −−a +b);
    printf("% d\n", −−b +a);
}
```

（2）
```
#include < stdio. h >
void   main( )
{
    printf ( "\nABC\tDE\nFGH\n");
    printf ( "\nwhy is 21 +31 equal to % d? \n\n",21 +31);
}
```

（3）
```
#include < stdio. h >
void   main( )
{
    char ch =65;
    printf("% c\n",ch);
}
```

（4）
```
#include < stdio. h >
void   main( )
{
    int x =10,y =20,z =30;
    z =x! =y;
    printf("% d\n",z);
}
```

（5）
```
#include < stdio. h >
void   main( )
```

```
    {
        int x = 10;
        printf("%d\n",(x%3 ==0));
    }
(6) #include < stdio. h >
    void   main( )
    {
        int k = 4,a = 3,b = 2,c = 1;
        printf("%d\n",(k < a? k:(c < b? c:a)));
    }
```

# ● 模块 2

# 顺序结构程序设计

【学习目标】

◆ 掌握算法描述方法。

◆ 掌握基本语句及复合语句。

◆ 熟练掌握数据的输入/输出函数。

◆ 掌握顺序结构程序设计方法。

## 第一部分　知识准备

结构化程序的 3 种基本结构分别是顺序结构、选择结构和循环结构。顺序结构中的语句是按书写的顺序执行的，语句的执行顺序与书写顺序一致。选择结构是指当程序执行到某一语句时，将根据不同的条件去执行不同分支的语句。循环结构是指当满足某种循环条件时，将一条或多条语句重复执行若干遍，直到不满足循环条件为止。本模块先来介绍顺序结构的有关知识。

### 一、算法

#### 1. 算法的含义

对于一个钢铁工厂，送进去的是铁矿石，从工厂另一头出来的就是钢板，如图 2-1 所示。从矿石到钢板的转变就是一个处理过程，在这个处理过程中包含许多步骤。

图 2-1　输入—处理—输出示意图

计算机的工作原理与钢铁厂的处理过程差不多，通常是先将原始数据输入计算机，经过计算机一系列的处理过程，最后输出处理结果。这就是计算机工作的步骤，通常称为"输入—处理—输出"。

事实上，在日常生活中做任何一件事都有一定的步骤。广义地讲，算法是指为解决某个具体问题而采取的方法和步骤。

例 2-1　中国人都喜欢喝茶，那么要泡一杯茶需要哪些步骤呢?

以下是一个普通的泡茶步骤:

① 开始。

② 烧水。

③ 将茶叶放入茶杯中。

④ 将烧开的水倒入茶杯中。

⑤ 用杯盖盖好茶杯。

⑥ 茶泡好了。

⑦ 结束。

例 2-2　写出求 $1 \times 2 \times 3 \times 4 \times 5$ 的步骤。

最原始的方法:

① 开始。

② 先求 $1 \times 2$，得到结果 2。

③ 将步骤 2 得到的结果 2 乘以 3，得到结果 6。

④ 再将 $6 \times 4$，得到结果 24。

⑤ 再将 $24 \times 5$，得到结果 120。

⑥ 结束。

这样的算法虽然正确，但太烦琐。改进的算法如下:

① 开始。

② 使 $p = 1$。

③ 使 $i = 2$。

④ 使 $p \times i$，乘积仍然放在变量 p 中，可表示为 $p \times i \rightarrow p$。

⑤ 使 i 的值加 1，即 $i + 1 \rightarrow i$。

⑥ 如果 $i \leqslant 5$，重新返回步骤④。

⑦ 结束。

如果计算 10!，则只需将步骤⑥里的 "$i \leqslant 5$" 改成 "$i \leqslant 10$" 即可。

该算法不仅正确，而且是比较适合计算机的算法，因为计算机是高速运算的自动机器，实现循环轻而易举。

算法可以用许多种不同的形式来表达，上面两个例子是用自然语言的形式来描述算法的，但是这种描述是无法让计算机理解的。要让计算机理解和执行，就必须使用专门的语言，这样的专门语言被称为程序设计语言，如 C、C++、C#、Java 等都是程序设计语言。解决问题的方法和步骤以计算机能够理解的语言表达出来，就被称为程序。

一个程序应包括以下两个方面。

1）对数据的描述:在程序中要指定数据的类型和数据的组织形式，即数据结构。

2）对操作的描述:操作步骤，也就是算法。

可以说，程序就是遵循一定的规则、为完成指定工作而编写的代码。有一个经典的等式阐明了什么叫程序:

程序 = 数据结构 + 算法 + 程序设计方法 + 语言工具和环境

因此，算法是程序的灵魂。

2. 算法的特点

算法有如下特点：

1）有穷性。一个算法应包含有限的操作步骤，不能是无限的。

2）确定性。算法中每一个步骤应当是确定的，不能是含糊的。

3）有零个或多个输入。

4）有一个或多个输出。

5）有效性。算法中每个步骤应当能有效地执行，并得到确定的结果。

程序设计人员必须会设计算法，并根据算法写出程序。

通过下面的例子体会算法的特点。

例 2-3　用气枪打气球，共有 50 颗子弹，打中气球一次则得奖一个，写出计算得奖个数的算法。

① 开始。

② 得奖个数 n = 0（有零个或多个输出）。

③ 发 50 颗子弹（有零个或多个输入）。

④ 射击一次，子弹个数减 1（有效性：每次射击都是有效的，一定产生打中与否的结果）。

⑤ 如果打中气球，则得奖个数加 1，即 m = m + 1（确定性：要么打中，要么没打中，必取其一）。

⑥ 如果子弹个数大于零，则转至④（确定性：子弹个数一定是大于或等于零）。

⑦ 射击结束（有穷性：射击 50 次后结束）。

⑧ 共获奖 n 个（有一个或多个输出）。

⑨ 结束。

## 二、算法描述方法

常用的算法描述方法有自然语言、传统流程图、N-S 流程图、伪码、计算机语言等。下面主要介绍自然语言、传统流程图、N-S 流程图 3 种算法描述方法。

1. 用自然语言表示算法

用自然语言表示算法，通俗易懂，特别适合于对顺序程序结构算法的描述。

如例 2-1、例 2-2 都是用自然语言描述算法，当然这种方法只适合于较简单的问题。

2. 用传统流程图表示算法

流程图分两种：传统流程图和 N-S 流程图。

传统流程图的四框一线符合人们的思维习惯，用它表示算法，直观形象，易于理解。常用的框图符号如图 2-2 所示。

起止框　　处理框　　输入/输出框　　判断框　　流程线　　连接点

图 2-2　传统流程图常用框图符号

**例2-4**　例2-2 求 5! 的算法用传统流程图表示（见图2-3）。

一个流程图应该包括表示相应操作的框图、带箭头的流程线、框内必要的文字说明。

有了流程图和自然语言描述的算法，写程序就轻松了，将每一个框（或行）描述的功能用一个或多个语句替代，即大功告成。图2-4 所示为一个通用的程序设计流程图。

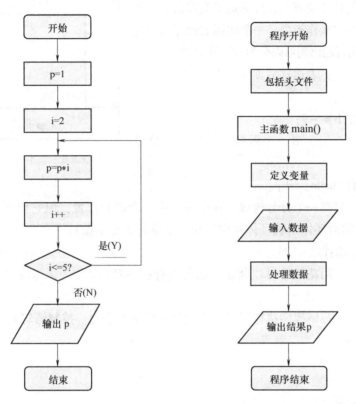

图2-3　求 5! 的算法流程图　　　　图2-4　程序设计流程图

### 3. 用 N-S 流程图表示算法

1973 年美国学者提出了一种新型流程图：N-S 流程图。这种流程图描述顺序结构如图 2-5a 所示，选择结构如图 2-5b 所示，当型循环如图 2-5c 所示，直到型循环如图 2-5d 所示。

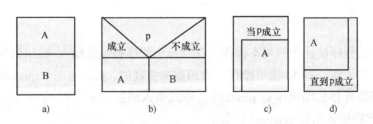

图2-5　N-S 流程图

a）顺序结构　b）选择结构　c）当型循环　d）直到型循环

例 2-5　例 2-2 求 5! 的算法用 N-S 流程图表示 (见图 2-6)。

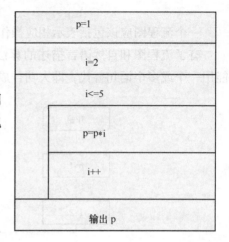

图 2-6　求 5! 的 N-S 流程图

## 三、C 语言的语句概述

C 语言的语句是 C 语言源程序的重要组成部分,用来向计算机系统发出操作指令。一个实际的程序应当包含若干语句。C 语言的语句可以分为以下五大类。

1) 表达式语句:表达式后面加一个分号。

例如: s = s + i;

　　　　a = 1, b = -9;

2) 函数调用语句:由一个函数调用加一个分号构成。

例如: printf("hello!");

3) 空语句:只有一个分号构成,在语法上占一个语句位置,但它什么也不做。经常被用作循环语句中的循环体 (循环体是空语句,表示什么也不做)。

例如: for(j = 0;j < =100;j ++);

4) 复合语句:用花括号 {} 将多个语句组合在一起,又称为语句块 (block)。

例如: {t = a;a = b;b = t;}

5) 控制语句:控制程序执行顺序,实现基本结构的语句。控制语句有以下 9 种:

① if( )　　　else　　　条件语句
② switch　　　　　　　多分支选择语句
③ for( )　　　　　　　循环语句
④ while( )　　　　　　循环语句
⑤ do while( )　　　　　循环语句
⑥ continue　　　　　　结束本次循环,继续执行下一次循环
⑦ break　　　　　　　终止执行循环语句或 switch 语句
⑧ goto　　　　　　　　转向语句
⑨ return　　　　　　　函数返回值语句

## 四、格式数据的输入/输出

输入/输出是程序设计中的基本操作,几乎每个程序都包含输入/输出语句。C 语言本身不提供输入/输出语句,输入/输出操作是由函数来实现的。C 语言的标准函数库中包含的常用输入/输出函数有格式输出函数 printf( )、格式输入函数 scanf( )、单个字符输出函数 putchar( )、单个字符输入函数 getchar( ) 等。

使用标准输入/输出库函数时,只要在程序开始的位置上加上如下编译预处理命令即可:

#include < stdio. h > 或#include" stdio. h"

它的作用是:将输入/输出函数的头文件 stdio. h 包含到用户源文件中。其中,. h 为

head 的缩写，stdio 是 standard input & output 的缩写，它包含了与标准 I/O 库有关的变量定义和宏定义以及对函数的声明。

1. 格式输出函数 printf( )

printf( ) 函数的功能是向终端输出一个或多个任意类型的数据，其一般格式如下：

printf("格式控制符",输出列表)

例如：printf("%d\n",x);

（1）格式控制

格式控制是由双引号括起来的字符串，由格式说明、控制字符和普通字符 3 部分组成。

1）格式说明：由 % 字符开始，后面跟各种格式字符，以说明输出数据的类型、形式、长度、小数位数等格式。C 语言提供的常用 printf( ) 函数格式说明及应用举例见表 2-1。

表 2-1　C 语言提供的常用 printf( ) 函数格式说明及应用举例

| 格式说明 | 功　能 | 实　例 | 输出结果 |
|---|---|---|---|
| %d 或 %i | 输出带符号的十进制整数 | int x = -8;<br>printf("%d",x); | -8 |
| %u | 输出无符号的十进制整数 | int x = 13;<br>printf("%u",x); | 13 |
| %x 或 %X | 输出不带 0x 或 0X 的无符号十六进制整数 | int x = 46;<br>printf("%X",x); | 2E |
| %o | 输出无符号的八进制整数 | int x = 46;<br>printf("%o",x); | 56 |
| %f | 输出小数形式的单、双精度浮点数 | float x = 13.456;<br>printf("%f",x); | 13.456 000 |
| %e 或 %E | 输出科学计数法形式的浮点数 | float x = 13.456;<br>printf("%e",x); | 1.345 600 e + 002 |
| %c | 输出单个字符 | char x = 'A';<br>printf("%c",x); | A |
| %s | 输出字符串 | charx[10] = "student";<br>printf("%s",x); | student |

2）控制字符。printf( ) 常用控制字符见表 2-2。

表 2-2　printf( ) 常用控制字符

| 控制字符 | 表示含义 |
|---|---|
| \n | 换行，将当前位置移到下一行开头 |
| \t | 横向跳格，横向跳到下一个输出区 |
| \r | 回车，将当前位置移到本行的开头 |
| \b | 退格，将当前位置移到前一列 |
| \f | 走纸换页，将当前位置移到下一页的开头 |
| \v | 竖向跳格 |

例如：printf("%d\n%d\n",x,y);

3）普通字符。除格式控制和控制字符之外，其他字符均属普通字符，打印时按原样输出。

例如：int x = 4, y = -9;

　　　　printf("x = %d,y = %d\n",x,y);

其中"x ="、"y ="和","都是普通字符。输出结果是：x = 4，y = -9。

（2）输出列表

输出列表就是需要输出的各项数据项表达式，表达式之间用逗号分隔。表达式可以由变量组成，也可以由常量组成。

例2-6　printf()函数的使用。

```
#include < stdio. h >
void   main( )
{
    int    a = 1,b = 0;
    printf("%d,",b = a + b);
    printf("%d",a = 2 * b);
    printf("\n 欢迎再次使用本系统!\n");
}
```

程序的输出结果如下：

1,2
欢迎再次使用本系统!

（3）附加说明符

在格式说明中，为了满足用户的高级需求，可以在%与格式字符之间插入几种附加说明符。printf()常用的附加说明符及功能见表2-3。

表2-3　printf()常用的附加说明符及功能

| 附加说明符 | 功　　能 |
|---|---|
| l | 用于长整型，可以加在格式符 d、o、x、u 的前面 |
| m（正整数） | 数据输出的最小宽度，如果数据实际宽度超过 m，则按实际宽度输出；如果实际宽度短于 m，则输出时前面补 0 或空格 |
| .n（正整数） | 对实数表示输出 n 位小数，对字符串表示从左截取的字符个数 |
| − | 输出的字符或数字在域内向左对齐，默认右对齐 |
| + | 输出的数字前带有正负号 |
| 0 | 在数据前多余空格处补 0 |

例2-7　各种输出格式下的输出结果示例。

◆ printf("%5d\n",42);　　　　　　　　□□□42
◆ printf("%+5d\n",42);　　　　　　　　□□+42

◆ printf("%12f\n",123.54);　　　　　　□□123.540000

◆ printf("%13e\n",123.54);　　　　　　1.235400e+002

◆ printf("%8.3f\n",123.55);　　　　　　□123.550

◆ printf("%8.1f\n",123.55);　　　　　　□□□123.6

◆ printf("%8.0f\n",123.55);　　　　　　□□□□□124

◆ printf("%s\n","Hello!");　　　　　　Hello!

◆ printf("%10s\n","Hello!");　　　　　　□□□□Hello!

◆ printf("%4s\n","Hello!");　　　　　　Hello!

◆ printf("%.4s\n","Hello!");　　　　　　Hell

（4）使用 printf() 的几点说明

1）printf 的输出格式为自由格式，是否在两个数之间有逗号、空格或回车，完全取决于格式控制，如果不注意，很容易造成数字连在一起，使得结果没有意义。

例如：printf("%d%d\n",x,y);

若 x=123，y=345，则输出 123345。

2）格式控制符必须含有与输出项一一对应的输出格式说明，类型必须匹配，否则不能正确输出，而且编译时不会报错。若格式说明个数少于输出项个数，则多余的输出项不予输出；若格式说明个数多于输出项个数，则将输出一些毫无意义的数字乱码。

3）除 X、E、G 外，其他格式字符必须用小写字母，如%d 不能写成%D。

4）在格式控制中，除了前面要求的输出格式，还可以包含任意的合法字符，这些字符输出时将"原样照印"。还可以在"格式控制"字符串中包含转义字符，如" \ n"。

例如：printf("a=%d,b=%d\n",a,b);

5）如果要输出%符号，可以在格式控制中用%%表示，结果输出一个%。

2. 格式输入函数 scanf()

格式输入函数 scanf() 的功能是从键盘向程序中的变量输入一个或若干个任意类型的数据，其一般格式如下：

scanf("格式控制符",输出列表);

例如：scanf("%d%d",&x,&y);

（1）格式控制

格式控制与 printf() 基本相同，由格式说明、附加说明字符和普通字符 3 部分组成。其中的格式说明也与 printf() 的格式说明类似，以"%"字符开始，以一个格式字符结束，中间可以插入附加说明符。在格式控制字符中若有普通字符，则从键盘输入时要原样输入。

scanf() 中可以使用的格式字符及功能见表 2-4。在"%"与格式字符之间可以插入的附加说明符见表 2-5。

（2）地址列表

地址列表是用逗号分隔的若干接收输入数据的变量地址。变量地址由地址运算符"&"后跟变量名组成，变量地址间用逗号隔开。

表 2-4  scanf( ) 格式字符及功能

| 格 式 字 符 | 功　　能 |
|---|---|
| %d 或%i | 输入带符号的十进制整数 |
| %u | 输入无符号的十进制整数 |
| %x 或%X | 输入无符号的十六进制整数（不区分大小写） |
| %o | 输入无符号的八进制整数 |
| %f | 输入实数，可以用小数形式或指数形式输入 |
| %e 或%E<br>%g 或%G | 与%f 作用相同,%f、%g、%e 可以相互替换 |
| %c | 输入单个字符 |
| %s | 输入字符串，将字符串送到一个字符数组中。输入时以非空格字符开始，遇到回车或空格字符结束 |

表 2-5  scanf( ) 附加说明符及功能

| 附加说明符 | 功　　能 |
|---|---|
| L 或 l | 用在格式符 d、o、x、u 之前，表示输入长整型数据；用在 f 或 e 前，表示输入 double 型数据 |
| h | 用在格式符 d、o、x、u 之前，表示输入短整型数据 |
| m（正整数） | 指定输入数据所占宽度，不能用来指定实数型数据宽度 |
| * | 表示该输入项在读入后不赋值给相应的变量 |

例 2-8  scanf( ) 使用实例。

```c
#include < stdio. h >
void   main( )
{
    int x,y,z;
    printf("请输入 3 个整数:");
    scanf("%d%d%d",&x,&y,&z);
    printf("x = %d,y = %d,z = %d\n",x,y,z);
}
```

程序的运行结果如下：

请输入 3 个整数：4　5　6　回车
x = 4,y = 5,c = 6

注意：输入数据时，在两个数据之间以一个或多个空格间隔，也可以用 < Enter > 键、< Tab > 键分隔，不能用逗号作为两个数据的分隔符。

（3）使用 scanf( ) 时应注意的问题

1）scanf 函数中"格式控制"后面应当是变量地址，而不应是变量名。若仅仅给出变量名会出错，但不报错，只给出警告。

例如：scanf("% d% d",a,b)；不合法。

2）格式控制符必须含有与输入项一一对应的格式说明符，类型必须匹配，否则不能正确输入，而且编译时不会报错。若格式说明个数少于输入项个数，scanf 函数结束输入，则多余的输入项将无法得到正确的输入值；若格式说明个数多于输出项个数，scanf 函数也结束输入，则多余的数据作废，不会作为下一个输入语句的数据。

3）如果在"格式控制"字符串中除格式说明以外还有其他字符，则输入数据时应当在对应位置输入与这些字符相同的字符，建议不要使用其他字符。例如：

◆ scanf("% d:% d:% d",&h,&m,&s)；应当输入12:23:36 回车

◆ scanf("x,y,z = % d% d% d",&x,&y,&z)；输入：x,y,z = 10　20　3 回车

4）用"% c"格式输入字符时，空格字符和转义字符都作为有效字符输入。因为空格也是一个字符，所以不要用空格作为两个字符的间隔。

5）在 VC ++6.0 环境下，要输入 double 型数据，格式控制符必须用% lf（或% le），否则数据不能正确输入。

例 2-9　从键盘输入一个 3 位整数，编写程序分别求出个位、十位、百位数，并分别显示输出。

算法分析：假设这个 3 位数是 359，百位数可以通过 359/100 = 3 得到，个位数可以通过 359%10 = 9 得到，十位数可以通过 359/10%10 得到。用整型变量 x 存储这个 3 位数，用整型变量 b0、b1、b2 分别存储个位、十位、百位数。最后的程序代码如下：

```c
#include < stdio. h >
void   main( )
{
    int x,b0,b1,b2;
    printf("请输入一个 3 位整数 x:");
    scanf("% d",&x);
    b2 = x/100;
    b0 = x%10;
    b1 = x/10%10;
    printf("bit0 = % d,bit1 = % d,bit2 = % d\n",b0,b1,b2);
}
```

运行程序时，假设输入 359，得到如下的运行结果：

请输入一个 3 位整数 x：359　回车

bit0 = 9,bit1 = 5,bit2 = 3

### 五、单个字符数据的输入/输出

1. 单个字符输出函数 putchar( )

单个字符输出函数的格式为 putchar(c);

其中 c 可以是字符型或整型的常量、变量或表达式。若 c 是字符型，则输出相应字符；若 c 是整型，则输出 ASCII 码值等于参数 c 的字符。另外，c 也可以是屏幕控制字符或转义字符。

例如：

- ◆ putchar('y');　　　　　　　/ * 输出字母 y * /
- ◆ putchar(65);　　　　　　　/ * 输出字母 A * /
- ◆ putchar('\n');　　　　　　/ * 输出一个换行符 * /
- ◆ putchar('\'');　　　　　　/ * 输出单撇号字符 ' * /

注意：使用该函数时必须要用文件包含命令#include < stdio. h > 。

2. 单个字符输入函数

单个字符输入函数有 3 个：getchar( )、getch( ) 和 getche( )。

（1）getchar( )

功能：从键盘（或系统默认的输入设备）输入一个字符，按 < Enter > 键确认。函数的返回值就是输入的字符。

说明：

1）使用该函数时必须要用文件包含命令#include < stdio. h > 。

2）getchar( ) 没有参数，键盘输入字符型常量不用单引号，输入字符后，按 < Enter > 键。

3）getchar( ) 只能接受一个字符，得到的字符可以赋给一个字符变量或整型变量，也可以不给任何变量，作为表达式的一部分。

例 2-10　从键盘输入一个大写字母，要求以小写字母输出。

```
#include < stdio. h >
void    main( )
{
    char c1,c2;
    printf("请输入一个大写字符:");
    c1 = getchar( );
    c2 = c1 + 32;
    printf("该字符的小写是:");
    putchar(c2);
    putchar('\n');
}
```

运行时，假设输入大写字符 A，可以得到如下的运行结果：

请输入一个大写字符：A　回车
该字符的小写是：a

（2）getch（）和 getche（）

功能：这两个函数都是从键盘上读入一个字符，不需按 <Enter> 键就能接收到该字符，函数的返回值就是输入的字符。使用 getch（）时输入的字符不显示在屏幕上，常用于程序暂停。使用 getche（）时，输入的字符显示在屏幕上。

说明：

1）使用该函数时必须要用文件包含命令#include <conio. h>。

2）两个函数都没有参数，键盘输入字符型常量不用单引号，输入字符后，不需按 <Enter> 键。

3）两个函数都只能接受一个字符，得到的字符可以赋给一个字符变量或整型变量，也可以不给任何变量，作为表达式的一部分。

例 2-11　getch（）和 getche（）应用。

```
#include <stdio. h>
# include <conio. h>
void    main( )
{
    char ch;
    printf("请输入一个字符:");
    ch = getche( );
    putchar(ch);
    printf("\n 按任意键继续……\n");
    getch( );
}
```

运行时，假设输入小写字符 h，可以得到如下的运行结果：

请输入一个字符：h　h
按任意键继续……

## 第二部分　项 目 教 学

### 项目一　顺序程序设计应用（一）

1. 项目描述
输入三角形的三边长，求三角形面积。

2. 项目目标
学会用传统流程图表示算法，熟练掌握输入/输出函数的使用，学会调用数学函数的方法。

3. 项目分析

假定从键盘输入的 3 个整数 a、b、c 能构成三角形，根据数学公式知三角形的面积为

$$area = \sqrt{s(s-a)(s-b)(s-c)}$$

式中，$s = (a+b+c)/2$。

写成 C 语言的表达式为

$$area = sqrt(s*(s-a)*(s-b)*(s-c))$$

在写代码时，开方要调用数学函数，这就要包含 math. h 头文件。该程序要用到 a、b、c、s、area 五个变量，都有可能是小数，故定义成实型数。

求三角形面积的流程图如图 2-7 所示。

4. 项目实施

根据以上分析得到如下的程序代码：

```c
#include < stdio. h >
#include < math. h >
void    main( )
{
    float a,b,c,s,area;
    printf("请输入三角形的边长 a、b、c:");
    scanf("%f%f%f",&a,&b,&c);
    s = (a+b+c)/2;
    area = sqrt(s*(s-a)*(s-b)*(s-c));
    printf("此三角形的面积为%f\n",area);
}
```

假如三角形的三边长为 3、4、5，则程序的运行结果如下：

请输入三角形的边长 a、b、c:3    4    5    回车
此三角形的面积为 6. 000000

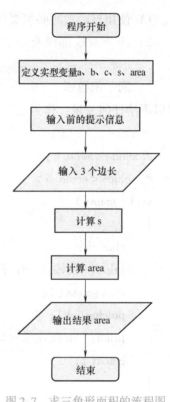

图 2-7　求三角形面积的流程图

## 项目二　顺序程序设计应用（二）

1. 项目描述

在一个综艺节目的现场有 500 名观众（编号为 001～500），现要从中随机选出 4 位幸运观众，请编程让计算机输出这 4 位幸运观众的编号。

2. 项目目标

学会产生随机整数的方法和各种运算符与表达式的使用。

3. 项目分析

1）本项目的关键是随机产生某范围内的整数的方法。随机产生一个随机整数要用到 srand( ) 和 rand( ) 两个函数。下面先详细介绍这两个函数的用法。

① srand( ) 函数用来设置随机数种子。

表头文件：#include < stdlib. h >

定义函数：void srand (unsigned int seed)；

函数说明：srand( ) 用来设置 rand( ) 产生随机数时的随机数种子。参数 seed 必须是整数，通常可用 time（NULL） 的返回值来做 seed，这样可以使每次产生的随机数都不同。如果每次 seed 都设相同值，则 rand( ) 所产生的随机数值每次就会一样。

② rand 函数用来产生随机数。

表头文件：#include < stdlib. h >

定义函数：rand( )；

函数说明：在调用此函数产生随机数前，必须先利用 srand( ) 设好随机数种子。如果未设随机数种子，则 rand( ) 在调用时会自动设随机数种子为 1。rand( ) 产生的是假随机数字，每次执行时是相同的。若要不同，则以不同的值来初始化它。初始化的函数就是 srand( )。

函数返回 0 至 RAND_ MAX 之间的随机整数值，RAND_ MAX 的最大值是 32 767。

2) 本项目要产生 001 ~ 500 的随机整数，用% 来实现。假如一个整数 n% x 会产生一个 0 ~ x − 1 的整数，则可以用 n% 500 + 1 得到想要的随机整数。要输出 4 位幸运观众的编号，就要产生 4 个不同的随机整数，故一定要以 time（NULL）（当前系统流逝了的时间）做随机数种子，而且每次重新运行程序都会有不同的结果。该程序中要用到 5 个变量每次产生的目标数 obj，4 位幸运观众的编号分别为 bh1、bh2、bh3、bh4。

注意别忘了加预处理命令#include < stdlib. h > 和#include < time. h >。

4. 项目实施

根据以上分析得到如下的程序代码：

```
#include < stdio. h >
#include < stdlib. h >
#include < time. h >
void   main( )
{
    int obj,bh1,bh2,bh3,bh4；
    srand(time(NULL))；               /* 设置随机数种子 */
    obj = rand( )；                    /* 生成随机整数 */
    bh1 = obj% 500 + 1；               /* 生成 001 ~ 500 随机整数 */
    printf("第一位幸运观众是:% d\n",bh1)；
    obj = rand( )；
    bh2 = obj% 500 + 1；
    printf("第二位幸运观众是:% d\n",bh2)；
    obj = rand( )；
    bh3 = obj% 500 + 1；
    printf("第三位幸运观众是:% d\n",bh3)；
    obj = rand( )；
```

bh4 = obj % 500 + 1;

printf("第四位幸运观众是:% d\n",bh4);

}

程序的运行结果如下（注意每次运行的结果都是不一样的）：

第一位幸运观众是:453
第一位幸运观众是:359
第一位幸运观众是:3
第一位幸运观众是:162

## 项目三　顺序程序设计应用（三）

### 1. 项目描述

编写程序实现功能：输出由数字组成的图形，如图 2-8 所示。

### 2. 项目目标

熟悉顺序程序的编写流程，重点掌握格式输出函数的应用。

### 3. 项目分析

可以用格式输出函数来实现本项目，把图中的数字当成整数来输出，通过输出整数的宽度 m 及左对齐（-）、右对齐来实现。其中中间空格通过 \t 转义字符来实现。

```
          1          1
        1 2        2 1
      1 2 3      3 2 1
    1 2 3 4    4 3 2 1
  1 2 3 4 5  5 4 3 2 1
```

图 2-8　由数字组成的图形

### 4. 项目实施

根据以上分析得到如下的程序代码：

```c
#include < stdio. h >
void    main( )
{
    printf("%10d\t% - 10d\n",1,1);
    printf("%10d\t% - 10d\n",12,21);
    printf("%10d\t% - 10d\n",123,321);
    printf("%10d\t% - 10d\n",1234,4321);
    printf("%10d\t% - 10d\n",12345,54321);
}
```

程序的运行结果如下：

```
          1          1
        1 2        2 1
      1 2 3      3 2 1
    1 2 3 4    4 3 2 1
  1 2 3 4 5  5 4 3 2 1
```

## 项目四 程序执行过程的跟踪

**1. 项目描述**

编写程序实现功能：依次输入两个整数给变量 a、b，两数交换，依次输出交换后的 a、b 值。

**2. 项目目标**

熟悉顺序程序的编写流程，重点学会如何在程序执行过程中实现单步调试，通过观察语句的执行情况、变量值的变化情况，找出程序中的逻辑错误。

**3. 项目分析**

实现本项目要用到 a、b、t 三个变量，其中 t 是不可省略的，用来先将变量 a 中的值保存起来，否则如果直接用 "a = b; b = a;" 两个语句是无法成功的，因为当把 b 的值给 a 后，a 原来的值就被冲掉了。

根据以上分析得到如下程序代码：

```c
#include < stdio. h >
void main( )
{
    int a,b,t;
    printf("请输入两个整数:");
    scanf("% d% d",&a,&b);
    printf("交换之前结果为 a = % d,b = % d\n",a,b);
    t = a;
    a = b;
    b = t;
    printf("交换之后结果为 a = % d,b = % d\n",a,b);
}
```

无论是初学者还是高手，编写的程序都会有各种错误，语法错误在编译时暴露，由编程者排除。生成可执行程序后，程序中仍然可能存在逻辑错误，造成程序的功能不符合要求，甚至在运行过程中中止或死机。

程序调试（Debug）就是通过"尝试运行—暴露错误—分析原因—修改源程序—重新生成可执行程序—再运行"这样的反复过程，逐渐排除逻辑错误。与排除语法错误相比，程序调试更加困难，更加需要分析能力和经验。为了帮助编程者调试程序，各种集成开发环境包括 VC ++ 6.0 都提供了调试工具，让编程者以"分镜头"的方式运行程序，在运行中方便地观察语句的执行情况、变量值的变化情况，为寻找程序中的逻辑错误提供线索。

**4. 项目实施**

将上述程序代码输入计算机。假定创建这个工程的路径是 d:\jh，源程序名是 jh.c，已经成功生成可执行程序。具体调试步骤如下：

1）启动 VC++ 6.0，单击"文件"丨"打开工作空间"，在弹出的对话框中指定文件名 d:\jh\jh. dsw，单击"打开"按钮。

2）如果主窗口没有图 2-9 所示的"调试"工具栏，则右击主窗口的工具栏，在弹出的快捷菜单中选择"调试"，主窗口中出现"调试"工具栏。该工具栏上按钮的功能都可以通过选择菜单中的命令实现。

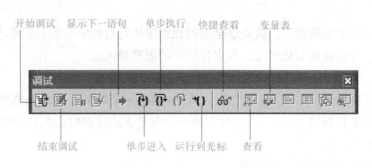

图 2-9 "调试"工具栏

3）单击调试工具栏上的"开始调试"按钮，或按 < Ctrl + Shift + F5 > 组合键，进入程序调试状态，VC++ 6.0 的主窗口如图 2-10 所示。

图 2-10 VC++6.0 的主窗口

4）单击调试工具栏上的"单步执行"按钮，或按 < F10 > 键两次，黄色箭头下移，如图 2-11 所示。观察一下变量窗口各个变量的值。

5）再单击"单步执行"按钮，或按 < F10 > 键，执行输入语句，但黄色箭头不动，切

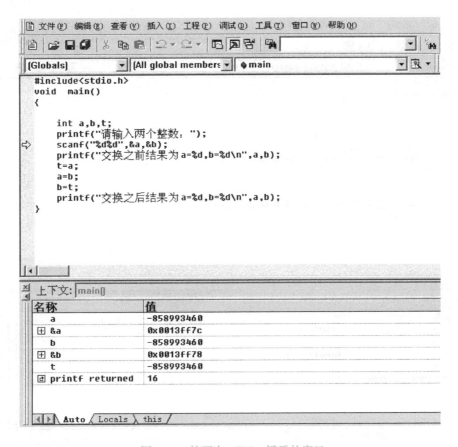

图 2-11　按两次 < F10 > 键后的窗口

换到程序运行窗口，其中出现提示信息"请输入两个整数："，从键盘输入 4 和 9，然后按 < Enter > 键，如图 2-12 所示。

图 2-12　输入两个整数后的窗口

6）切换到主窗口，其中的变量窗口中已显示变量 a、b 的值，如图 2-13 所示。如果将鼠标光标在源程序中的变量名上停留片刻，就会浮现出一个小方框，其中是这个变量的当前值。在观察窗口的 Name 下输入表达式，在 Value 下面会显示表达式的值。

7）继续单击"单步执行"按钮，或按 < F10 > 键，每次都注意观察变量窗口内变量值的变化情况，认真体会第三个变量 t 所起到的重要作用。当黄色箭头到主函数窗口的结束符"}"时，切换到运行窗口，看到程序的运行结果如图 2-14 所示。

8）切换到主窗口，单击"调试"工具栏上的"结束调试"按钮或按 < Shift + F5 > 键，退出调试状态。

图 2-13　输入两个整数后的主窗口

图 2-14　程序的运行结果

# 第三部分　实训目标、任务

## 实训目标

◆ 学会熟练使用格式输入/输出语句。

◆ 学会分析程序的运行结果，通过程序调试分析程序结果的正确性。

◆ 学会简单的顺序程序设计流程。要求既能完成简单的编程，又能进行上机调试，保证
　程序的正确性。

实训任务

1. 程序填空题

（1）要得到下列输出结果：

a,b
A,B
97,98,65,66

请按要求填空，补充以下程序：

```c
#include < stdio. h >
void    main( )
{
    char c1,c2;
    c1 = 'a';
    c2 = 'b';
    printf(_____, c1,c2);
    printf(" % c,% c\n",_____);
    _____;
}
```

（2）要得到下列输出结果：

a = % 2,b = % 5

```c
#include < stdio. h >
void    main( )
{
    int a = 2,b = 5;
    printf(_____);
}
```

2. 分析下列程序的运行结果

（1）
```c
#include < stdio. h >
void    main( )
{
    int n = 5,m = 5;
    printf(" % d,% d\n", ++m,n--);
}
```

（2）执行下列程序时输入：2468101

```c
#include < stdio. h >
void    main( )
```

```
{
    int x,y;
    scanf("%2d% *2d%2d",&x,&y);
    printf("% ld\n",x + y);
}
```

（3）执行下列程序时输入：ABCD

```
#include < stdio. h >
void   main( )
{
    char x,y;
    x = getchar( );
    y = getchar( );
    putchar( x);putchar('\n');putchar( y);
}
```

（4）
```
#include < stdio. h >
#include < math. h >
void   main( )
{
    int a = 1,b = 2,c = 2;
    float x = 10. 5,y = 4. 0,z;
    z = ( a + b)/c + sqrt(( int)y) * 1. 2/c + x;
    printf("z = % f\n",z);
}
```

3. 编程实现以下功能

（1）从键盘输入一个整数 x，若 x 大于 0，则显示"红"；若 x 等于 0，则显示"黄"；若 x 小于 0，则显示"绿"。

（2）假设银行定期存款的年利率 rate 为 2.25%，并已知存款期为 n 年，存款本金为 capital 元，试编程计算 n 年后可得到的本利之和 deposit（假设不计算复利）。提示：2.25% 编写程序时应写为 0.0225，本金和年数未知，从键盘输入。

（3）编写程序，把 700 分钟换算成用小时和分钟表示。

# 模块 3

## 选择结构程序设计

**【学习目标】**

◆ 熟练掌握并灵活运用 if 语句进行选择结构程序设计。

◆ 熟练掌握并灵活运用 switch 语句进行多分支选择结构程序设计。

### 第一部分 知识准备

#### 一、if 语句

在 C 语言中, if 语句是常用的条件判断语句, 用来判定是否满足指定的条件 (表达式), 并根据判断结果来执行给定的操作。C 语言提供了 3 种形式的 if 语句, 在使用时可以根据具体问题的复杂程度来选择合适的形式。

##### 1. 单分支选择结构

单分支选择结构的一般格式:

if (表达式) 语句;

单分支选择结构的功能: 判断表达式的值是否为真, 如果为真 (结果为非 0), 则执行语句; 如果为假 (结果为 0), 则不执行该语句。if 语句的执行过程如图 3-1 所示。

例如: if( n < 0)

      printf(" n 是一个负数。");

当 n < 0 时, 输出 "n 是一个负数。"

说明:

1) if 之后的表达式必须用括号括起来, 表达式可以是关系表达式、逻辑表达式或数值等。

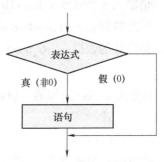

图 3-1 if 语句的执行过程

2) 如果表达式成立, 且其后要执行的语句有多条, 则必须采用复合语句形式, 即用花括号把要执行的多条语句括起来。

**例 3-1** 已知 "int a = 10, b = 20, c = 30;", 执行以下语句后 a、b、c 的值是

————————。

if( a > b)

c = a; a = b; b = c;

解析：本题中，由于"c = a；a = b；b = c；"是由 3 条语句组成的，3 条语句也未用花括号括起来，当执行 if 选择语句时，由于 a > b 这个条件是不成立的，故其后的一个语句（c = a；）被跳过去了，故本题的正确答案是 a = 20，b = 30，c = 30。

思考：若将上题中的程序段改为如下形式，则 a、b、c 的值会发生什么变化？

（1）if( a > b)

　　 c = a, a = b; b = c;

（2）if( a > b)

　　 {c = a; a = b; b = c;}

例 3-2　随机输入 3 个整数至 a、b、c，编程使得输出 a、b、c 为升序。

```
#include < stdio. h >
void   main( )
{
    int a,b,c,t;
    printf("请输入 3 个整数 a、b、c:");
    scanf("% d% d% d" ,&a,&b,&c);
    printf("原始数据:a = % d,b = % d,c = % d\n",a,b,c);
    if( a > b)   { t = a;a = b;b = t; }
    if( a > c)   { t = a;a = c;c = t; }
    if( b > c)   { t = b;b = c;c = t; }
    printf("排序后的数据:a = % d,b = % d,c = % d\n",a,b,c);
}
```

如果输入的 3 个数是 10、6、8，则程序的运行结果如下：

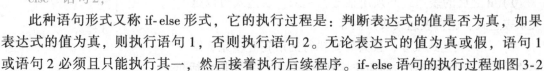

```
请输入 3 个整数 a、b、c:10   6   8   回车
原始数据:a = 10,b = 6,c = 8
排序后的数据:a = 6,b = 8,c = 10
```

**2. 双分支 if- else 语句**

双分支 if- else 语句的一般格式：

if( 表达式)　语句 1;

else　语句 2;

此种语句形式又称 if- else 形式，它的执行过程是：判断表达式的值是否为真，如果表达式的值为真，则执行语句 1，否则执行语句 2。无论表达式的值为真或假，语句 1 或语句 2 必须且只能执行其一，然后接着执行后续程序。if- else 语句的执行过程如图 3-2 所示。

例如：if( x > y)　z = x;

　　　 else　z = y;

说明：

1）if 和 else 语句并不是两个语句，它们属于同一个语句。else 子句不能作为独立语句使用，它必须是 if 语句的一部分，即与 if 语句配对使用。

2）if 和 else 语句之后的执行语句如果为多条语句，同样需要使用复合语句的形式。

3）在 C 语言中，每个 else 前面都有一个分号，整个语句结束后有一个分号。如果 else 前是一个复合语句，则 else 之前的大括号 "}" 外面不需要再加分号。例如：

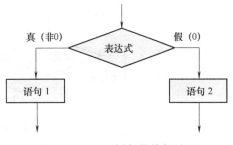

图 3-2　if- else 语句的执行过程

```c
if( ch >= 'a' &&ch <= 'z')
{
    ch = ch-32;
    printf("%c",ch);
}
else
    printf("%c 不是一个小写字母",ch);
```

**例 3-3**　请分析程序的运行结果。

```c
#include < stdio. h >
void    main( )
{
    int x =0,y =0,z =0;
    if( x = y + z)    printf(" *** \n") ;
    else    printf(" $$$ \n") ;
}
```

解析：本题中，if 语句中的表达式是一个赋值语句，将 y + z 的值 0 赋给变量 x，则该表达式的值为 0，因此输出的结果是：$$$。

思考：将 x = y + z 改为 x == y + z，程序的输出结果会是什么？

3. else- if 多分支语句

else- if 多分支语句的一般格式：

```c
if(表达式 1)    语句 1;
else if (表达式 2)    语句 2;
        ……
else if (表达式 n)    语句 n;
else    语句 n +1;
```

此种语句形式又称 if- else- if 形式，它的执行过程是：依次判断 if 后面的表达式的值，如果某个表达式的值为真，则执行其后面对应的语句，不再执行其他语句；如果所有表达式的值均为假，则执行最后一个 else 后面的第 n +1 条语句，然后顺序执行下面的语句。else- if 多分支结构的执行过程如图 3-3 所示。

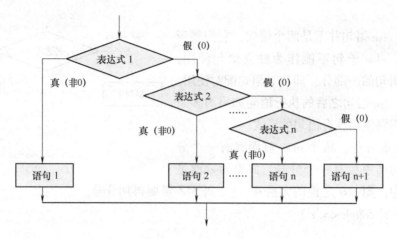

图 3-3  else-if 多分支结构的执行过程

例如:

if( score > 100 ‖ score < 0 )            prinf( "输入的数据有误!" )
else if( score >= 90 )                   grade = 'A';
else if( score >= 80 )                   grade = 'B';
else if( score >= 70 )                   grade = 'C';
else if( score >= 60 )                   grade = 'D';
else                                     grade = 'E';

说明:

1) else 和 if 之间要有空格,如果有一个表达式满足条件,则程序执行其后的分支语句,其他语句不再执行。

2) 当多分支有多个表达式同时满足条件时,则只执行第一个与之匹配的语句,因此多分支语句中条件表达式的书写顺序至关重要。例如,上例中如果把表达式" score >= 60 "放在前面,只要 score 的值大于等于 60,则相应的等级将是" D ",不符合我们的本意。

例 3-4  对于下面的函数,编一个程序,输入 x,输出 y。

$$y = \begin{cases} -1 & (x < 0) \\ 0 & (x = 0) \\ 1 & (x > 0) \end{cases}$$

```c
#include < stdio. h >
void   main( )
{
    int x,y;
    printf( "请输入一个整数:" );
    scanf( "% d" ,&x );
    if( x < 0 )    y = -1;
```

```
    else if( x ==0)    y =0;
    else    y =1;
    printf( "x = % d,y = % d\n",x,y);
}
```

## 二、switch 语句

多分支选择结构可以用嵌套的 if 语句（if-else-if）来进行处理，但是如果分支较多，则嵌套的 if 语句层数较多，程序变得冗长，降低了程序的可读性。在 C 语言中，还提供了另一种用于多分支选择的语句 switch 语句，其一般格式如下：

```
switch( 表达式)
{
    case 常量1:语句1;break;
    case 常量2:语句2;break;
    ……
    case 常量n:语句n;break;
    default:语句n +1;
}
```

switch 语句的执行过程如图 3-4 所示。先计算表达式的值，判断此值是否与某个常量表达式的值匹配，如果匹配，则控制流程转向其后相应的语句，否则检查 default 是否存在。

如果存在则执行其后相应的语句，否则结束 switch 语句。

break 语句在 C 语言中称为中断语句，它不仅可以用来结束 switch 语句的分支语句，还可以在循环结构中实现中途退出。在 switch 语句中本来不包含 break 语句，但 switch 语句不像 if 语句一样，只要满足某一条件可在执行相应的分支后自动结束选择。在 switch 语句中，当表达式的值与某个常量表达式的值相等时，即执行常量表达式后对应的语句，然后不再进行判断，继续执行后面所有 case 分支的语句，因此需要在每个 case 分支的最后加上一条 break 语句以帮助结束选择。

例如：根据考试成绩的等级打印出百分制分数段，可用 switch 语句实现。

```
switch( grade)
{
```

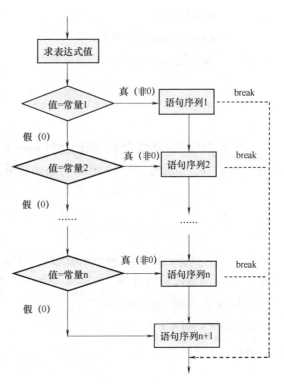

图 3-4　switch 语句的执行过程

```
        case 'A':printf("90 ~ 100\n");break;
        case 'B':printf("80 ~ 89\n");break;
        case 'C':printf("70 ~ 79\n");break;
        case 'D':printf("60 ~ 69\n");break;
        case 'E':printf(" <60\n");break;
        default: printf("data error!\n");
    }
```

说明：

1）括号内的表达式可以是整型或字符型。

2）case 后的每个常量表达式必须各不相同。

3）每个 case 之后的执行语句可多于一个，但不必加 ｛｝。

4）允许几种 case 情况下执行相同的语句，不必每个都写。

例 3-5　分析下列程序的运行结果。

```
#include < stdio.h >
void   main()
{
    int y = 1,m = 0,n = 0;
    switch(y)
    {
        case 0: n ++;
        case 1: m ++;break;
        case 2: m ++,n ++;
    }
    printf("m = % d,n = % d\n",m,n);
}
```

解析：本题中 y 的值为 1，因此执行 case 1 后面的语句 m ++，此时 m = 1，遇到 break 语句，结束 switch 语句，到 printf 语句输出结果。因此本题答案为 m = 1，n = 0。

思考：如果去掉程序中的 break 语句，则程序的结果会是什么？

例 3-6　给一百分制成绩，要求输出成绩等级 A、B、C、D、E。90 分以上为 A，80 ~ 89 分为 B，70 ~79 分为 C，60 ~69 分为 D，60 分以下为 E。

由于分支较多，所以用 switch 语句来实现较好。分数可以是小数，故定义为 float 型的变量 score，分数段的统计用 int（score/10.0）来得到不同的整数作为 switch 的表达式。程序的代码如下：

```
#include < stdio.h >
void   main()
{
    float score;
```

```
    int temp;
    char ch;
    printf("请输入一个学生成绩(0~100):");
    scanf("%f",&score);
    if(score>100||score<0)
       printf("输入数据有误!\n");
    else
    {
       temp=(int)(score/10.0);
       switch(temp)
       {
         case 10:
         case 9:  ch='A';break;
         case 8:  ch='B';break;
         case 7:  ch='C';break;
         case 6:  ch='D';break;
         case 5:
         case 4:
         case 3:
         case 2:
         case 1:
         case 0:  ch='E';
       }
       printf("score=%.1f,grade=%c\n",score,ch);
    }
}
```

## 第二部分　项目教学

### 项目一　if 语句实现的选择结构应用

1. 项目描述

设计一个应用程序,判断某一年是否为闰年。

2. 项目目标

学会用 if 语句实现选择结构,熟练应用求余运算符和逻辑运算符来解决实际问题。

3. 项目分析

判断是否为闰年的条件是:

① 能被 4 整除，但不能被 100 整除的年份。

② 能被 400 整除的年份。

假设在程序中用整型变量 year 表示该年的年份，上述条件可以表示如下：

① $(year\%4==0)\&\&(year\%100!=0)$

② $year\%400==0$

根据实际情况知道，在上述两种情况中只要能让其中任何一种成立，就可以断定该年份为闰年，因此最终用来判断某年是否为闰年的表达式如下：

$((year\%4==0)\&\&(year\%100!=0))||(year\%400==0)$

规定当表达式 leap = 1 时，该年份为闰年，leap = 0 时为非闰年。闰年判断流程图如图 3-5 所示。

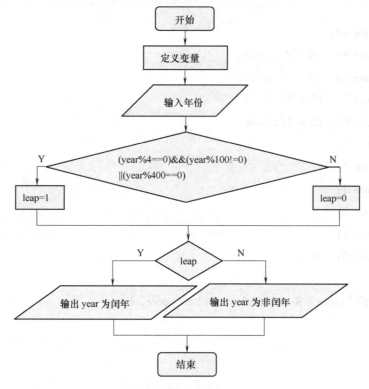

图 3-5　闰年判断流程图

4. 项目实施

根据上面的流程图，写出以下的程序代码：

```c
#include < stdio. h >
void    main( )
{
    int year,leap;
    printf("请输入年份:");
    scanf("% d",&year);
```

```
if((year%4 ==0)&&(year%100! =0) ‖ (year%400 ==0))
    leap = 1;
else
    leap = 0;
if(leap)
    printf("%d 年是闰年。\n",year);
else
    printf("%d 年不是闰年。\n",year);
}
```

当输入 2000 时，程序的运行结果如下：

请输入年份：2000　　回车
2000 年是闰年。

当输入 1872 时，程序的运行结果如下：

请输入年份：1872　　回车
1872 年是闰年。

当输入 2013 时，程序的运行结果如下：

请输入年份：2013　　回车
2013 年不是闰年。

## 项目二  switch 语句实现的多分支选择结构应用

### 1. 项目描述

某快递公司对用户计算运费，路程 s 越远，每千米运费越低。标准如下：

| | |
|---|---|
| s < 250km | 没有折扣 |
| 250km ≤ s < 500km | 2% 折扣 |
| 500km ≤ s < 1000km | 5% 折扣 |
| 1000km ≤ s < 2000km | 8% 折扣 |
| 2000km ≤ s < 3000km | 10% 折扣 |
| 3000km ≤ s | 15% 折扣 |

设每千米每吨货物的基本运费为 p (price)，货物重量为 w (weight)，距离为 s，折扣为 d (discount)，则总运费 f (freight) 的计算公式为

$$f = p * w * s * (1 - d)$$

### 2. 项目目标

熟练掌握用 switch 语句实现多分支选择结构。

### 3. 项目分析

折扣的变化是有规律的，250、500、1000、2000、3000 都是 250 的倍数，由此可以得到 c = s/250，c 代表 250 的倍数。

**4. 项目实施**

根据上面的分析，写出以下的程序代码：

```c
#include < stdio. h >
void    main( )
{
    int c,s;
    float p,w,d,f;
    printf("请输入基本运费 p、货物重量 w、距离 s:");
    scanf("% f% f% d",&p,&w,&s);
    c = s/250;
    switch(c)
    {
      case 0：  d =0;break;
      case 1：  d =2;break;
      case 2：
      case 3：  d =5;break;
      case 4：
      case 5：
      case 6：
      case 7：  d =8;break;
      case 8：
      case 9：
      case 10：
      case 11:d =10;break;
      default：d =15;
    }
    f = p * w * s * (1-d/100. 0);
    printf("总运费为% f\n",f);
}
```

## 项目三　选择语句的灵活运用

**1. 项目描述**

编写程序，输入某年某月，求该月的天数。

**2. 项目目标**

灵活运用 else-if 语句实现多分支选择结构。

**3. 项目分析**

1、3、5、7、8、10、12 这 7 个月份每月是 31 天，4、6、9、11 这 4 个月份每月是 30

天, 2 月平年是 28 天, 闰年是 29 天。判断闰年的条件在项目一中已经介绍过了。使用 if- else- if 语句来实现本项目, 其中变量 y 表示年份, 变量 m 表示月份, 变量 d 表示天数。

4. 项目实施

根据上面的分析, 写出以下的程序代码:

```c
#include < stdio. h >
void main( )
{
    int y,m,d;
    printf("请输入年份(y)和月份(m):");
    scanf("%d%d" ,&y ,&m);
    if(m ==1 || m ==3 || m ==5 || m ==7 || m ==8 || m ==10 || m ==12)
      d =31;
    else if(m ==4 || m ==6 || m ==9 || m ==11)
      d =30;
    else if(m ==2)
      if((y%4 ==0)&&(y%100! =0) || (y%400 ==0))
            d =29;
        else
            d =28;
    else
        printf("输入错误!\n");
    printf("%d 年%d 月有%d 天。\n" ,y,m,d);
}
```

# 第三部分　实训目标、任务

## 实训目标

◆ 熟练运用 if 语句进行选择结构程序设计。

◆ 熟练运用 switch 语句进行多分支选择结构程序设计。

## 实训任务

1. 分析下列程序的运行结果

```c
(1) #include < stdio. h >
    void   main( )
    {
        int x =1 ,y =5 ,z =3;
```

```
        if( z = x)   printf( "% d\n" ,z);
        else   printf( "% d \n" ,y);
    }
```

(2) 
```
#include < stdio. h >
void   main( )
{
    int x = 1 ,a = 0 ,b = 0;
    switch( x)
    {
      case 0 :b ++ ;
      case 1 :a ++ ;
      case 2 :b ++ ,a ++ ;
    }
    printf( "a = % d,b = % d\n" ,a,b);
}
```

(3) 
```
#include < stdio. h >
void   main( )
{
    int n = 6;
    if( n ++ > 6)   printf( "% d\n" ,n);
    else   printf( "% d \n" ,n-- );
}
```

(4) 
```
#include < stdio. h >
void   main( )
{
    int a = 1 ,b = -1 ,c;
    if( a * b > 0)   c = 1;
    else if( a * b < 0)
        c = 2;
      else
        c = 3;
    printf( "c = % d\n" ,c);
}
```

2. 编程实现以下功能

（1）从键盘输入一个整数，如果是偶数，则输出 "Is Even"；如果是奇数，则输出 "Is Odd"。

（2）求解一元二次方程 $ax^2 + bx + c = 0$。如果有实根，则输出；否则输出 "无实根"

（a、b、c 由键盘输入）。

（3）编写可以完成加、减、乘、除、求余运算的简易计算器程序。

（4）某商场给顾客购物的折扣率如下：

购物金额 <200 元　　　　　　　不打折

200 元≤购物金额 <500 元　　　9 折

500 元≤购物金额 <1000 元　　　8 折

购物金额≥1000 元　　　　　　　7.5 折

输入一个购物金额，输出折扣率、购物实际付款金额。

要求：分别用 if 语句和 switch 语句两种方法完成编程。

（5）某市出租车计费，起步价 8 元，前 3km 不计费；超过 3km 但不足 20km，按单程 1.4 元/km 计费；从 20km 开始，一律按单程 1.0 元/km 计费；实际行驶里程不足 1km 的按 1km 计费。请为出租车写一个程序，当输入实际里程时，立即输出乘客应付的出租车费。

## 模块 4

# 循环结构程序设计

【学习目标】

◆ 掌握 for 语句、while 语句和 do...while 语句的使用。

◆ 掌握 break 语句和 continue 语句的使用。

◆ 能够利用循环语句解决实际问题。

### 第一部分　知识准备

循环结构是结构化程序设计的基本结构之一，其应用相当广泛。C 语言提供了 while、do-while 和 for 三种语句来实现循环，下面分别介绍这三种语句的使用。

## 一、while 语句

while 语句用于实现当型循环结构，其一般形式如下：

while（表达式）

{

语句；

}

其中，表达式称为"循环条件"，语句称为"循环体"，其执行过程是当表达式为非 0 值时，执行循环体。循环体语句可以是空语句，可以是一条语句，也可以是多条语句。若为空语句或一条语句则可略去 { }。

在执行过程中，若参与表达式判断的变量值不能改变，则循环不会结束，称为死循环。while 循环的特点：先判断表达式，后执行循环体语句。while 语句的执行过程如图 4-1 所示。

例 4-1　计算 $s = 1 + 2 + 3 + \cdots + 100$。

```
#include  < stdio. h >
void   main( )
{
    int i,s;
    i = 1;s = 0;
```

```
    while( i <= 100)
    {
       s = s + i;
       i ++ ;
    }
    printf( "% d\n",s);
}
```

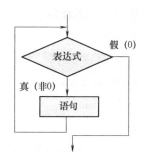

图 4-1　while 语句的执行过程

程序的运行结果如下:

5050

例 4-2　使用 while 循环求两个正整数的最小公倍数。

```
#include  < stdio. h >
void    main( )
{
    int m,n,result,i,s = 0;
    printf( "请输入两个正整数:");
    scanf( "% d% d",&m, &n);
    result = ( m < n? n:m);
    while( ! ( result% m == 0&&result% n ==0) )
    {
      result ++ ;
      s = s + i;
    }
    printf( "两个正整数的最小公倍数是:% d\n",result);
}
```

注意: 执行 while 循环时, 先对条件进行判断, 满足条件 (逻辑值为 "真") 则执行循环体, 否则跳出循环, 这与 do- while 循环的执行方式是不同的。下面介绍 do- while 循环的使用。

## 二、do- while 语句

do- while 语句用于实现 "直到型" 循环结构, 其一般形式如下:

do

语句;

while( 表达式);

其中, 语句是循环体, 表达式是循环条件。do- while 语句的执行过程是: 先执行循环体语句一次, 再判断表达式的值, 如果表达式的值为真 (非 0), 则继续循环; 如果表达式的值为假 (值为 0), 则结束循环。do- while 语句的执行过程如图 4-2 所示。

do- while 语句和 while 语句的区别在于: do- while 是先执行循环体后判断条件, 因此 do- while 至少要执行一次循环体; while 是先判断条件后执行循环体, 如果条件不满足, 则一次循环体语句也不执行。

例 4-3 编写程序,求满足 $1 + 2 + 3 + \cdots + n < 1000$ 时 n 的最大值及累加和。

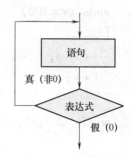

图 4-2 do-while 语句的执行过程

```
#include < stdio. h >
void   main( )
{
    int n = 0, s = 0;   / * 设循环初值 * /
    do
    {
        n = n + 1;
        s = s + n;
    } while( s < 1000);
    printf("n = % d, sum = % d\n", n-1, s-n);
}
```

程序的运行结果如下:

n = 44, sum = 990

对比使用 while 循环和 do-while 循环求解同样的问题可以看出,其不同之处主要在对初值的处理上。使用 do-while 语句时,应该注意以下几点:

1) 在 do-while 循环中,while (c) 之后的分号 (;) 不要忘掉 (在 while 循环中, while (c) 之后是没有分号的)。

2) 在 do-while 循环中,不管循环是否为单一语句,习惯上都用花括号把它括起来,并把 "while (c);" 直接写在 "}" 的后面,以免把 "while (c);" 部分误认为是一个新的 while 循环的开始。

例 4-4 while 和 do-while 循环的比较。

```
(1) void   main( )                      (2) void   main( )
    {                                        {
        int sum = 0, i;                          int sum = 0, i;
        scanf("% d", &i);                        scanf("% d", &i);
        while( i < = 10)                         do
        {sum = sum + i;                          {sum = sum + i;
            i + +;                                   i + +;
        }                                        } while( i < = 10);
        printf("% d", sum);                      printf("% d", sum);
    }                                        }
```

通过比较可以看出,当输入 i 的值小于或等于 10 时,两者得到的结果相同。当 i > 10 时,两者结果就不同了。这是因为对 while 循环来说,一次也不执行循环体 (表达式 "i <= 10" 为假),而对 do-while 循环来说则要执行一次循环体。所以,可以得到如下结论:当 while

后面表达式的第一次值为"真"时，两种循环得到的结果相同，否则两者结果不相同（指两者具有相同循环体的情况）。

三、for 语句

for 语句是 C 语言中最灵活、功能最强的循环语句。它不仅可以用于循环次数已经确定的情况，而且可以用于循环次数不确定而只给出循环结束条件的情况，完全可以代替 while 语句。for 语句的一般形式如下：

for（表达式1;表达式2;表达式3）
{
　　循环体
}

for 语句的执行过程如下：运行之初先求解表达式1，然后进行表达式2的条件判断。若条件成立，则执行循环体；若此时条件不成立，则退出循环。在执行循环体后，再计算表达式3，之后转去执行表达式2进行条件判断，如果成立，就继续执行循环体，否则退出循环。进行循环后，依次是按计算表达式3，判断表达式2的步骤执行，直到条件不成立为止，结束循环。for 语句的执行过程如图4-3所示。

说明：

1）表达式1通常用来给循环变量赋初值，一般是赋值表达式。也可以在 for 语句外给循环变量赋初值，此时可以省略该表达式。表达式1对整个循环过程来讲，只做一次。

2）表达式2通常是循环条件，一般为关系表达式或逻辑表达式。

3）表达式3通常可以用来修改循环变量的值，一般是赋值语句。如果想省略表达式3，则可以把相应语句放到循环体中完成。

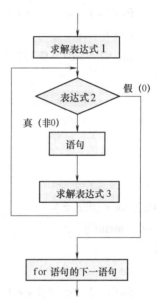

图 4-3　for 语句的执行过程

这3个表达式都可以是逗号表达式，即每个表达式都可以由多个表达式组成。3个表达式都是任选项，都可以省略。但要注意，在省略表达式时，两个分号必须保留，因为语句要求两个分号将3个表达式分开。例如以下语句：

　　　　i = 1;
　　　　for( ;i < 5; )
　　　　{printf(" * ");i ++ ;}

逗号运算符的主要应用就在 for 语句中。表达式1和表达式3常为逗号表达式，求解它们时完成多个表达式（往往为赋值表达式、自增或自减表达式）的一次求值。例如：

for( i = 1,sum = 0;i < = 100;i ++ )
for( i = 0,j = 100,k = 0;i < = j;i ++ ,j -- )

　　从以上表达方式可以看出，C语言中的for语句功能强大，可以把循环体和一些与循环控制无关的操作也作为表达式1或表达式3出现，使程序短小简洁。但是，如果过分使用这个特点会使for语句显得杂乱，降低程序可读性。建议不要把与循环控制无关的内容放在for语句的3个表达式中。

例4-5　计算n!。

```c
#include < stdio. h >
void   main( )
{
    long fact = 1 ;
    int i,n;
    printf("请输入一个小于10的整数:");
    scanf("% d",&n);
    for(i = 1;i < = n;i ++ )
    fact *  = i;
    printf("% d! = % ld\n",n,fact);
}
```

例4-6　打印九九乘法口诀表：

$1*1 = 1$　$1*2 = 1$　$1*3 = 3$…　$1*9 = 9$

$2*1 = 2$　$2*2 = 4$　$2*3 = 6$…　$2*9 = 18$

…

$9*1 = 9$　$9*2 = 18$　$9*3 = 27$…　$9*9 = 81$

```c
#include < stdio. h >
void   main( )
{
    int i,j;
    for(i = 1;i <=9;i ++ )
    {
        for(j = 1;j <=9;j ++ )
        printf("% 2d * % d = % 2d",i,j,i * j);
        printf("\n");
    }
}
```

# 第二部分　项目教学

## 项目一　while语句实现的循环结构应用

### 1. 项目描述

如果你在超市工作，领导让你为超市编写一个收费系统，应该怎么办？那就要想想，这个收费系统的工作过程。当顾客从超市购物出来要付款的时候，顾客把购买的东西递给收银员，收银员对所有的商品条形码进行扫描，扫描一个就得到该商品的价格并自动累加，全部扫描完后，收银员按 < Enter > 键，就能得到总价格。

2. 项目目标

学会用 while 语句实现循环结构，以解决实际问题。

3. 项目分析

1）收银员对商品条形码扫描的过程就是把商品的价格输入的过程，定义一个变量为商品的价格。

2）收银员要重复对商品的价格进行扫描，但是收银员并不知道这种重复的动作要进行多少次，所以编程时要思考用哪种循环语句。

3）要求总价格的时候可以假设有一个盒子 s，用来放所有商品的总价格；收银员每扫描一次，也就是把该商品的价格输入给 x，然后把 x 的值转移到 s 盒子里，重复操作，直到收银员按 < Enter > 键，这里用“0”代表按 < Enter > 键，最后输出 s 盒子中的值，就可得到所有商品的总价格。

4. 项目实施

根据上面的分析，写出了以下的程序代码：

```
#include < stdio. h >
void    main( )
{
    float x,s =0;
    printf("请输入商品价格(0 表示输入结束):");
    scanf("% f",&x);
    while(x! =0)
    {
      s =s +x;
      printf("请输入商品价格(0 表示输入结束):");
      scanf("% f",&x);
      if(x ==0)    break;
    }
    printf("商品总价 =% f\n",s);
}
```

项目二   do- while 语句实现的“直到型”循环结构应用

1. 项目描述

根据日常经验，如果要进入某个系统，一般是需要密码验证的。假设在自动取款机取钱，把卡放进去之后需要输入密码，密码验证有 3 次机会，如果某次密码输入正确了，就可以进入系统，并且系统显示“登录成功”；如果 3 次密码输入都不正确，则系统将显示“密码错误"。试编写一个程序实现这个功能。

2. 项目目标

熟练掌握用 do-while 语句实现循环结构。

3. 项目分析

这个任务中大家肯定会想到要用循环，但是这个循环有一个特点，就是输入密码和判断密码的操作至少要执行一次，所以必须选择 do-while 循环。

4. 项目实施

根据上面的分析，写出以下的程序代码：

```c
#include < stdio. h >
void   main( )
{
    long   pw;
    int i =0,flag =0;
    do
    {
        printf("请输入密码:");
        scanf("%ld",&pw);
        i ++;
        if( pw ==123456)    {flag =1;break;}
    } while( i <3);
        if( flag ==1)
            printf("登录成功!\n");
        else
            printf("密码错误!\n");
}
```

## 项目三　for 循环语句

1. 项目描述

某一黑夜一司机碰伤行人之后落荒而逃，经过警察调查，有甲、乙、丙 3 个目击者。

甲说："车牌号的前两位相同。"

乙说："车牌号的后两位加起来等于 6。"

丙说："车牌号是一个四位数，并且能被 2 整除。"

如果你是神探，能找到这辆车吗？

2. 项目目标

灵活运用 for 循环语句实现程序设计。

3. 项目分析

在解决这类问题的时候，关键是先把这种问题转化为数学问题。

1）车牌号是一个四位数，那这个数的范围应该 $1000 \leqslant x \leqslant 9999$，也就表明初值是 1000，结束值是 9999，这是实现循环的关键。

2）定义 4 个变量 a、b、c、d，分别代表各个位数上的数字，根据车牌号前两位相同，后两位加起来等于 6，即 $a == b$，$c + d = 6$。

3）车牌号能被 2 整除，即 $x \% 2 == 0$。

4. 项目实施

根据上面的分析，写出以下的程序代码：

```
#include < stdio. h >
void   main( )
{
    int x,a,b,c,d;
    for( x = 1000;x < =9999;x ++ )
    {
      a = x/1000;
      b = x/100% 10;
      c = x/10% 10;
      d = x% 10;
      if( a == b&&c + d == 6&&x% 2 ==0)
      printf( "这个车牌号可能是:% d\n",x);
    }
}
```

## 第三部分　实训目标、任务

### 实训目标

◆ 熟练运用 while 语句进行"当"型循环结构程序设计。

◆ 熟练运用 do-while 语句进行"直到"型循环结构程序设计。

◆ 能够区分 while 与 do-while 语句之间应用的不同之处。

◆ 掌握 for 语句的结构和应用。

### 实训任务

1. 分析下列程序的运行结果

（1）
```
#include < stdio. h >
    void   main( )
    {
        int x,n =0;
```

```c
        float sum = 0, ave;
        printf("input scores:");
        scanf("%d", &x);
        while(x! = -1)
        {
            sum += x;
            n++;
            scanf("%d", &x);
        }
            ave = sum/n;
            printf("average score = %.2f\n", ave);
    }
```

(2) 
```c
    #include < stdio. h >
    void   main()
    {
        int n = 0, s = 0;
        do
        {
            n = n + 1;
            s = s + n;
        } while(s < 200);
        printf("n = %d, sum = %d\n", n-1, s-n);
    }
```

(3) 
```c
    #include < stdio. h >
    void   main()
    {
        float x, min;
        int i;
        scanf("%f", &x);
        min = x;
        for(i = 1; i < 5; i++)
        {
            scanf("%f", &x);
            if(x < min) min = x;
        }
        printf("min = %f\n", min);
    }
```

（4）
```
#include < stdio. h >
void    main( )
{
    int i,j;
    for( i = 1 ;i <= 5 ;i ++ )
    {
        for( j = 1 ;j <= 20- i ;j ++ )
        printf( "" ) ;
        for( j = 1 ;j <= 2 * i-1 ;j ++ )
        printf( " * " ) ;
        printf( " \n" ) ;
    }
}
```

2. 编程实现以下功能

（1）编写程序，将 1 ~ 100 个位数是 6 的数据输出。

（2）从键盘上连续输入字符，统计其中大写字母的个数，直到输入换行符结束。

（3）输入 5 位同学的 3 门课程成绩，分别计算并输出每位同学 3 门课程成绩的平均分。

（4）100 匹马驮 100 担货，大马一匹驮 3 担，中马一匹驮 2 担，小马两匹驮 1 担，试编程计算大、中、小马的数目。

（5）编写程序，判断从键盘输入的自然数是否为素数（质数）。

说明：

1）所谓素数就是只能被 1 和它自身整除的大于 1 的整数。

2）要判断 n 是否为素数，就要用 2、3、…、n – 1 分别去除 n，如果都不能被整除，则 n 就是素数，正常退出循环；如果其中某个数被 n 整除，则 n 不是素数，需要退出循环。

# 模块 5

# 数 组

【学习目标】

◆ 熟练掌握数组的概念、定义和引用。

◆ 熟练掌握字符数组。

◆ 熟练应用数组设计程序。

## 第一部分 知识准备

C 语言的数据类型包括基本类型（整型、字符型、实型）和构造类型（数组、结构体和共用体）。本模块学习数组的使用。

数组是有序数据的集合。数组中的每一个元素都属于同一种数据类型。数组中元素用一个统一的数组名和下标来唯一确定。数组在内存中作为一个整体占用一片连续存储单元，数组名就是这片存储单元的首地址。数组占用的存储空间是元素个数与每个元素所占存储空间的乘积。

### 一、一维数组

1. 一维数组的定义

一维数组的一般格式如下：

类型标识符　数组名 1 [常量表达式 1]，数组名 2 [常量表达式 2]，…，数组名 n [常量表达式 n]；

例如 "int a [5]；" 定义了一个整型数组，数组名为 a，元素个数为 5。它是一个变量的集合，a 数组中共包含 5 个元素，数组的下标从 0 开始，因此数组中的元素依次为 a[0]、a[1]、a[2]、a[3]、a[4]。

说明：

1）数组名：按标识符规则，本例 a 就是数组名。

2）常量表达式：表示数组元素的个数（数组的长度），可以是整型常量或符号常量，不允许用变量。

整型常量表达式在说明数组元素个数的同时也确定了数组元素下标的范围，下标从 0 ~

整型常量表达式 −1（注意，不是 1 ∼ 整型常量表达式）。C 语言不检查数组下标越界，但是使用时，一般不能越界使用，否则结果难以预料。

如下定义是不允许的：

int a[n];

其中 n 是变量。

3）类型说明：数据元素的类型，可以是基本数据类型，也可以是构造数据类型。类型说明确定了每个数据占用的内存字节数。

4）C 编译程序为数组分配了一片连续的空间。

5）C 语言还规定，数组名是数组的首地址。

2. 一维数组元素的引用

数组元素的引用形式：数组名 [下标表达式]；

说明：

1）引用数组元素时，下标可以是整型常数、已经赋值的整型变量或整型表达式。

2）数组元素本身可以看作同一个类型的单个变量，因此对变量进行的操作同样也适用于数组元素。也就是说，数组元素可以在任何相同类型变量使用的位置引用。

3）引用数组元素时，下标不能越界，否则结果难以预料。

3. 一维数组的初始化

数组初始化常见的几种形式如下：

1）对数组所有元素赋初值，此时数组定义中数组长度可以省略。

例如：int a[5] = {1,2,3,4,5}； 或 int a[ ] = {1,2,3,4,5}；

2）对数组部分元素赋初值，此时数组长度不能省略。

例如：int a[5] = {1,2}；

其中，a[0] = 1，a[1] = 2，其余元素为编译系统指定的默认值 0。

3）对数组的所有元素赋初值 0。

例如：int a[5] = {0}；

例 5-1 一维数组的定义与引用。

```
#include < stdio. h >
void   main( )
{
    int a[8],i,s =0;              /*定义一个整型的一维数组*/
    printf("请输入8个整数:");
    for(i =0;i <8;i ++ )
        scanf("%d",&a[i]);     /*对数组各元素赋值*/
    for(i =0;i <8;i ++ )
        s =s +a[i];            /*求各元素的累加和*/
    for(i =0;i <8;i ++ )
        printf("%d",a[i]);    /*输出各元素的值*/
```

```
        printf(" \ns = % d\n",s);
}
```

请输入 8 个整数:<u>1  3  5  7  9  2  4  6</u>  回车
1 3 5 7 9 2 4 6
s = 37

4. 一维数组的应用

**例 5-2**　编写程序,定义一个含有 20 个元素的整型数组,按顺序分别赋予从 1 开始的奇数,然后按每行 10 个数据输出。

**算法分析**:采用循环的方式每次给一个数组元素赋一个值,并以宽度为 4 的形式输出这个数,同时判断是否已输出 10 个数,若已够 10 个数就换行。

程序的代码如下:

```c
#include < stdio. h >
void    main( )
{
    int a[20],i,k = 1;
    for( i = 0;i < 20;i ++ )
    {
        a[ i] = k;
        k += 2;
        printf(" %4d",a[ i] );
         if( ( i + 1)% 10 ==0)printf(" \n" );
    }
}
```

程序的运行结果如下:

```
 1   3   5   7   9  11  13  15  17  19
21  23  25  27  29  31  33  35  37  39
```

**例 5-3**　在电视歌手大奖赛中,输入 10 位评委的打分,去掉一个最高分和一个最低分,然后求平均值,得出该选手的最终分数。

**算法分析**:所谓的最低分和最高分就是找出 10 位评委打的分数中的最大值和最小值。

(1) 输入数据

利用 for 循环输入 10 个分数,放在数组 a 中,即依次放入 x[0]、x[1]、x[2]、…、x[9]中。

(2) 处理

1) 先令 max = min = a[0],将第一个数默认为初值,max 表示最大值,min 表示最小值。

2) 依次用 a[i] 和 max、min 进行比较 (循环),i 的取值为 1 ~ 10 − 1:

若 max < a[i]，令 max = a[i]；

若 min > a[i]，令 min = a[i]。

3）将求得的总和减去 max 再减去 min，对其他 8 个分数求平均值。

（3）输出结果

根据以上分析，写出以下程序代码：

```
#include < stdio. h >
#define    N    10
void    main( )
{
    float    a[N],s,f,max,min;
    int i;
    printf("请分别输入 10 个评委的打分：\n");
    for (i = 0;i < N;i ++ )
        scanf("%f",&a[i]);
    max = a[0];
    min = a[0];
    s = a[0];
    for(i = 1;i < N;i ++ )
    {
        s = s + a[i];
        if(max < a[i])    max = a[i];
        if(min > a[i])    min = a[i];
    }
    f = (s- max- min)/(N-2);
    printf("评委打出的最高分是%f,最低分是%f。\n",max,min);
    printf("该歌手的最终得分是%f分。\n",f);
}
```

假如输入了 10 位评委的打分，则可以得到如下的运行结果：

请分别输入 10 位评委的打分：

9.5  9.9  9.3  9.9  9.1  8.9  7.7  6.9  8.4  8.9  回车

评委打出的最高分是 9.900000,最低分是 6.900000。

该歌手的最终得分是 8.962500 分。

## 二、二维数组

相对于一维数组而言，二维数组是较为复杂的数组形式，可以用来建立更加复杂的数据结构。当数组中每个元素带有两个下标时，称为二维数组。

1. 二维数组的定义

**二维数组的一般格式**：类型标识符　数组名［常量表达式 1］［常量表达式 2］, ……;

例如：int a［3］［2］; 定义 a 为 3 行 2 列的整型数组，有 6 个元素。

　　　　float n［4］［3］; 定义 n 为 4 行 3 列的浮点型数组，有 12 个元素。

说明：

1）二维数组中的每个数组元素都有两个下标，且必须分别放在单独的"［］"内。

2）二维数组定义中的第 1 个下标表示该数组具有的行数，第 2 个下标表示该数组具有的列数，两个下标之积是该数组具有的数组元素的个数。

3）二维数组中的每个数组元素的数据类型均相同。二维数组的存放规律是"按行排列"。

4）二维数组可以看作数组元素为一维数组的数组。例如，上例定义的 a 数组可以看成由 a［0］、a［1］、a［2］三个元素组成的一维数组，其中每个元素又是由两个元素组成的一维数组。

2. 二维数组元素的引用

**格式**：数组名［下标表达式 1］［下标表达式 2］

说明：

1）下标表达式的值应为整型。

2）引用数组元素时，下标 1 的下限为 0，上限为数组定义中的常量表达式 1 的值减去 1；下标 2 的下限为 0，上限为数组定义中的常量表达式 2 的值减去 1；引用时应保证下标不越界。

3. 二维数组的初始化

**二维数组初始化的几种常见形式如下**：

1）分行给二维数组所有元素赋初值。

例如：int　a［3］［4］=｛｛1,2,3,4｝,｛5,6,7,8｝,｛9,10,11,12｝｝;

初始化结果如下：

a［0］［0］=1　a［0］［1］=2　a［0］［2］=3　a［0］［3］=4

a［1］［0］=5　a［1］［1］=6　a［1］［2］=7　a［1］［3］=8

a［2］［0］=9　a［2］［1］=10　a［2］［2］=11　a［2］［3］=12

2）不分行给二维数组所有元素赋初值。

例如：int　a［3］［4］=｛1,2,3,4,5,6,7,8,9,10,11,12｝;

3）给二维数组所有元素赋初值，二维数组第一维的长度可以省略。

例如：int　a［］［4］=｛1,2,3,4,5,6,7,8｝;

或　　int　a［］［4］=｛｛1,2,3,4｝,｛5,6,7,8｝｝;

4）对部分元素赋初值，其他元素补 0 或 \ 0。

例如：int a［2］［4］=｛｛1,2｝,｛5｝｝;

初始化结果如下：

a［0］［0］=1　a［0］［1］=2　a［0］［2］=0　a［0］［3］=0

a［1］［0］=5　a［1］［1］=0　a［1］［2］=0　a［1］［3］=0

**例 5-4**　二维数组的初始化及使用。

对二维数组的输入/输出多使用二重循环结构来实现。外层循环处理各行，内层循环处理每行的各列元素。

```c
#include < stdio. h >
void    main( )
{
    int a[ ][4] = {1,2,3,4,5,6,7,8,9,10,11,12} ;
    int i,j;
    for( i = 0;i < 3;i ++ )
    {
        for( j = 0;j < 4;j ++ )
            printf( " %4d",a[i][j]) ;
        printf( " \n") ;
    }
}
```

程序的输出结果如下：

```
1    2    3    4
5    6    7    8
9   10   11   12
```

**4. 二维数组的应用**

**例 5-5**　有一个 3 × 4 的矩阵，编程求出其中最大值及其所在的行和列、最小值及其所在的行和列。

算法分析：先用双重循环通过键盘输入矩阵的值，再假设 a [0] [0] 为最大值和最小值，再次用双重循环取出每个元素和假设的最大值及最小值比较，随时记录下当前最大值和最小值的位置，所有元素都比较结束后，再将记录下的结果输出就可以了。程序的代码如下：

```c
#include < stdio. h >
void    main( )
{
    int a[3][4];
    int i,j,max,maxi,maxj,min,mini,minj;
    printf( "请输入一个 3 行 4 列的矩阵的值:\n") ;
    for( i = 0;i < 3;i ++ )              / * 为二维数组 a 初始化 */
    {
        for( j = 0;j < 4;j ++ )
            scanf( " % d",&a[i][j]) ;   / * 输入数据到二维数组中 */
    }
```

```
        max = min = a[0][0];
        maxi = maxj = mini = minj = 0;
        for(i = 0;i < 3;i ++)
        {
                for(j = 0;j < 4;j ++)
                {
                        if(max < a[i][j])
                        {
                                max = a[i][j];          /* 变量 max 保存最大元素的值 */
                                maxi = i;               /* 变量 maxi 保存最大元素第 1 个下标的值 */
                                maxj = j;               /* 变量 maxj 保存最大元素第 2 个下标的值 */
                        }
                        if(min > a[i][j])
                        {
                                min = a[i][j];          /* 变量 min 保存最小元素的值 */
                                mini = i;               /* 变量 mini 保存最小元素第 1 个下标的值 */
                                minj = j;               /* 变量 minj 保存最小元素第 2 个下标的值 */
                        }
                }
        }
        printf("最大值是%d,位于第%d行,第%d列。\n",max,maxi + 1,maxj + 1);
        printf("最小值是%d,位于第%d行,第%d列。\n",min,mini + 1,minj + 1);
}
```

## 三、字符数组

### 1. 字符数组的定义

字符数组是存放字符型数据的数组。其中每个数组元素存放的值都是单个字符。字符数组通常用来存放和处理字符串。

字符数组也是数组，只是数组元素的类型为字符型。所以字符数组的定义、初始化、字符元素的引用与一般的数组类似。定义类型标识符为 char，初始化使用字符常量或相应的 ASCII 码值，赋值使用字符型的表达式，凡是可以用字符数据的地方也可以引用字符数组的元素。

字符数组分为一维字符数组和多维字符数组。一维字符数组常常存放一个字符串，二维字符数组常用于存放多个字符串，可以看作一维字符串数组。

例如：char  c[10],str[6]]10];

字符串与字符数组的区别如下：

1）字符串（字符串常量）是用双引号括起来的、若干有效的字符序列。C 语言中，字符串可以包含字母、数字、符号和转义字符。

2）字符数组：存入字符型数据的数组。它不仅用于存入字符串，也可以存入在一般读者看来毫无意义的字符序列。

C 语言没有提供字符串变量（存放字符串的变量），对字符串的处理常常采用字符数组实现，因此也有人将字符数组看作字符串变量。C 语言许多字符串处理库函数既可以使用字符串，也可以使用字符数组。

为了方便处理字符串，C 语言规定以 '\0'（ASCII 码为 0 的字符）作为"字符串结束标志"。字符串结束标志 '\0' 占用一个字节。对于字符串常量，C 编译系统自动在其最后一个字符后面增加一个结束标志；对于字符数组，如果用于处理字符串，在有些情况下，C 编译系统会自动在其数据后增加一个结束标志；在更多情况下结束标志需要由编程者自己负责（因为字符数组不仅仅用于处理字符串）。如果不是处理字符串，字符数组中可以没有字符串结束标志。

2. 字符数组的初始化

1）初值个数等于数组元素个数。

例如：char c[6] = {'H','e','l','l','o','!'};

这种以字符常量的形式对字符数组的初始化，系统不会自动在最后一个字符后加 '\0'。也就是说，c 字符数组占用的是 6 个字节的内存空间，而不是 7 个。如果要加结束标志，必须明确指定。

例如：char c[7] = {'H','e','l','l','o','!','\0'};

2）初值少于数组元素个数，后面自动补空字符 '\0'。

例如：char c[10] = {'H','e','l','l','o','!'};

由于 c 字符数组中还有 10 - 6 = 4 个字节暂时未使用，系统自动将第 7 个字符初始化为 '\0'，相当于有字符串结束标志。

3）以字符串（常量）的形式对字符数组初始化，系统会自动在最后一个字符后加'\0'。

例如：char str[] = {"China"};相当于 char str[6] = {"China"};

3. 字符数组的输入与输出

字符数组的输入与输出分逐个字符的输入与输出和整串字符的输入与输出两种形式，采用 "%c" 格式说明可以实现逐个字符的输入与输出，采用 "%s" 格式说明可以实现整串字符的输入与输出。

（1）字符数组的输入

使用 scanf 函数向字符数组中输入字符串时，应该预先定义足够长度的字符数组。

例如，定义了这样一个一维字符数组：char str[80];

1）逐个输入字符的方法：

scanf("%c",str[i]);

其中 i 的值可以是 0 ~ 79 的任何整型值。

2）一次输入字符串的方法：

scanf("%s",str);

用 "%s" 格式符输入字符串时，遇到回车符或空格符就结束本次输入。

例如，输入 I am a student! 回车

在执行 scanf 语句时，str 数组中只能读入 "I"，而后面的字符将被忽略。

(2) 字符数组的输出

例如，定义了这样一个一维字符数组：char str[10] = "Happy";

1) 逐个输出字符的方法：

printf("%c",str[i]);

其中 i 的值可以是 0 ~ 9 的任何整型值。

2) 一次输出字符串的方法：

printf("%s",str);

例 5-6　字符元素的逐个输出。

```c
#include < stdio. h >
void    main( )
{
    char a[10] = "happy";
    int i = 0;
    while(a[i]! = '\0')
    {
        printf("%c",a[i]);
        i ++ ;
    }
}
```

例 5-7　多个字符串输入/输出。

```c
#include < stdio. h >
void    main( )
{
    char a[10],b[15];
    printf("请输入两个字符串:\n");
    scanf("%s%s",a,b);
    printf("%s\n%s\n",a,b);
}
```

程序的运行结果如下：

请输入两个字符串：

hello!　　回车

hello World!　　回车

hello!

hello

#### 4. 常用的字符串处理函数

C 语言库函数提供了大量的字符串处理函数，在这里主要介绍常用的字符串处理函数。在使用这些函数时，要包含 string.h 头文件。

（1）字符串输入函数 get

格式：gets(str)

功能：接收从键盘输入的一个字符串到字符数组，接收的字符串中可以包含空格，按 <Enter> 键结束。系统自动将 '\n' 转换成 '\0'，存入数组。函数的返回值为字符数组的起始地址。

例如：char str[20];

　　　gets (str);

（2）字符串输出函数 puts

格式：puts(str)

功能：将以 '\0' 为结束标志的字符串输出到终端。str 是存放字符串的字符数组的起始地址。函数调用完成后，输入的字符串存放在 str 开始的内存空间中。

例如：char str[20];

　　　puts (str);

**例 5-8**　用函数 gets 输入字符串数组，用函数 puts 输出字符串数组。

```
#include < stdio. h >
#include < string. h >
void　main( )
{
    char a[10],b[15];
    printf("请输入字符串 a 和字符串 b:\n");
    gets(a);
    gets(b);
    puts(a);
    puts(b);
}
```

程序的运行结果如下：

```
请输入字符串 a 和字符串 b:
hello!    回车
hello World!    回车
hello!
hello World!
```

（3）字符串长度函数 strlen

格式：strlen(str)

功能：计算以 str 为起始地址的字符串长度（字符个数，不包括 '\0'），函数返回整数值。

例 5-9　求字符串的长度。

```
#include < stdio. h >
#include < string. h >
void    main( )
{
    char str[81] = "error:\0 Declaration syntax error";
        int n1,n2;
        n1 = strlen( str) ;
        n2 = strlen( "ABCDE") ;
        printf( "n1 = % d,n2 = % d\n",n1,n2) ;
}
```

程序的运行结果如下：

n1 = 6,n2 = 5

(4) 字符复制函数 strcpy

**格式**：strcpy( str1,str2)

**功能**：将 str2 所指字符串的内容复制到 str1 所指的存储空间中，函数返回 str1 的地址值。

例如：char str1[10],str2[ ] = "China";

　　　　strcpy( str1,str2) ;

例 5-10　复制字符串应用。

```
#include < stdio. h >
#include < string. h >
void    main( )
{
    char s1[50] = "78345",s2[ ] = "good";
        strcpy( s1,s2) ;
        puts( s1) ;
        strcpy( s1,"good moring") ;
        puts( s1) ;
        puts( strcpy( s1,"hello") ) ;
}
```

程序的运行结果如下：

good!
good morning
hello

（5）字符串连接函数 strcat

**格式**：strcat(str1,str2)

**功能**：str2 连接到 str1 的后面，自动覆盖 str1 末尾的 '\0'，函数返回 str1 的地址值。

例 5-11　字符串连接应用。

```c
#include <stdio.h>
#include <string.h>
void   main()
{
    char s1[50] = "error,",s2[ ] = "retry";
    strcat(s1,s2);
    puts(s1);
    strcat(s1,"54321");
    puts(s1);
    puts(strcat(strcpy(s1,"12345"),"6789"));
}
```

程序的运行结果如下：

```
error,retry
error,retry54321
123456789
```

（6）字符串比较函数 strcmp

**格式**：strcmp(s1,s2)

**功能**：若 s1 > s2，则函数返回整数值大于 0。

若 s1 = s2，则函数返回整数值 0。

若 s1 < s2，则函数返回整数值小于 0。

说明：

1）当比较两个用字符数组存放的字符串时，参数应该写字符数组名。

2）比较两个字符串的大小实际上是比较两个字符串中各个字符的 ASCII 码值。系统对两个字符串从左到右依次比较两个字符串中对应字符的大小，若相等则继续比较，直到两个对应字符不相等或者其中一个字符串遇到 '\0' 为止。如果全部字符都相同，则认为两个字符串相等。

例 5-12　字符串比较应用。

```c
#include <stdio.h>
#include <string.h>
void   main()
{
    char s1[20],s2[20];
    printf("请输入两个字符串:\n");
```

```
    gets(s1);
    gets(s2);
    if(strcmp(s1,s2) >0)
        printf("s1 > s2\n");
    else if(strcmp(s1,s2) ==0)
        printf("s1 = s2\n");
    else
        printf("s1 < s2\n");
}
```

5. 字符数组的应用

例 5-13　将字符串中的大写字母转换成相应的小写字母。

```
#include < stdio. h >
#include < string. h >
void    main()
{
    char str[50];
    int i =0;
    printf("请输入一个长度小于 50 的字符串:\n");
    gets(str);
    while(str[i]! ='\0')
    {
        if(str[i] > ='A'&& str[i] < ='Z')
            str[i] + =32;
        i ++;
    }
    printf("% s\n",str);
}
```

例 5-14　编制程序,输入多个学生的姓名,并按姓名的字母前后顺序升序输出学生名单。

算法分析:定义一个二维字符数组 name[10][20],用来存放 10 个学生的姓名。处理名字排序时,使用选择排序法。其思路是:第一次,在 N 个字符串中找出最小串并将其放在 name[0];第二次,在剩下的 N –1 个字符串中找出最小串并将其放在 name[1],以此类推,直至最后剩下一个字符串为止。程序代码如下:

```
#include < stdio. h >
#include < string. h >
#define N 10
void    main()
```

```
{
    char str[20],name[N][20];
    int i,j,p,k;
    for(i=0;i<N;i++)
    {
        printf("请输入第%d位同学的名字:",i+1);
         gets(name[i]);
    }
    for(i=0;i<N;i++)
    {
        strcpy(str,name[i]);
        p=i;
        for(j=i+1;j<N;j++)
        {
            k=strcmp(name[j],name[p]);
            if(k<0)
            {
                strcpy(name[p],name[j]);
                p=j;
            }
        }
        strcpy(name[i],name[p]);
        strcpy(name[p],str);
    }
    printf("升序排列后的名单:\n");
    for(i=0;i<N;i++)
        printf("第%2d位:%s\n",i+1,name[i]);
}
```

## 第二部分　项 目 教 学

### 项目一　一维数组的应用实例

#### 1. 项目描述

对任意输入的 10 个整数按由大到小的顺序排序。

#### 2. 项目目标

学会利用数组实现排序。

### 3. 项目分析

常用的排序方法有选择法排序和冒泡法排序，在这里采用选择法排序。选择法排序的思路是：从 n 个数中找出最大的数据跟第一个交换，再从后面的 n－1 个数据中找出最大的数跟第二个数交换，依次进行，进行 n－1 次。为了便于算法的实现，考虑使用一个一维数组存放这 10 个整型数据，排序的过程中数据始终在这个数组中（原地操作，不占用额外的空间），算法结束后，结果也在此数组中。

### 4. 项目实施

根据上面的分析，写出以下程序代码：

```c
#include < stdio. h >
#define N 10
void main( )
{
  int b[ N ],i,j,t,k;
  printf( "请输入 10 个整数:" );
  for(i = 0;i < N;i ++ )
    scanf( "% d" ,&b[ i ] );
  printf( "排序前的数据:\n" );
  for(i = 0;i < N;i ++ )
    printf( "%6d" ,b[ i ] );
  for(i = 0;i < N-1;i ++ )
  {
    k = i;
    for(j = i + 1;j < N;j ++ )
      if( b[ j ] > b[ k ] )k = j;
    if( i! = k )
    {
            t = b[ i ];
            b[ i ] = b[ k ];
            b[ k ] = t;
    }
  }
  printf( "\n 排序后的数据:\n" );
  for(i = 0;i < N;i ++ )
    printf( "%6d" ,b[ i ] );
  printf( "\n" );
}
```

## 项目二　二维数组与字符数组的应用实例

### 1. 项目描述

编写程序实现如下功能：将下列一批商品名称存入二维数组 list，从键盘选择商品名称，统计并输出其在 list 中出现的次数。

pen　pencile　pen　ruler　pencile　pen　ruler　pen　ruler　pen

### 2. 项目目标

学会利用二维数组解决实际问题。

### 3. 项目分析

本程序中用二维字符数组 list[10][20] 存放 10 个商品名称。二维字符数组 names[4][20] 存入 3 种不同的商品名称，一维字符数组 name[20] 存放从键盘选择的商品名称，counter 作为计数器。用自然语言描述的算法如下：

1）显示选择提示。

2）从键盘输入选择代号到 choice。

3）若 choice 的值为 0，则结束运行；若 choice 的值是 1、2、3 之一，则把 choice 的值作为下标，从 names 中取得对应名称对 name 赋值，否则把 name 赋值为一个不存在的名称。

4）counter 赋初值 0。

5）循环变量 i 取初值 0。

6）如果 i > 9，转到 "9）"。

7）如果 list[i] 的值与 name 的值相等，则 counter 加 1。

8）循环变量 i 加 1，转回到 "6）"。

9）输出 counter 的值。

10）转回到 "1）"。

### 4. 项目实施

根据上面的分析，写出以下程序代码：

```
#include < stdio. h >
#include < string. h >
#include < process. h >
void main( )
{
    char list[10][20] =
    { "pen","pencil","pen","ruler","pencil","pen","ruler","pen","ruler","pen" };
    char names[4][20] = { "","pen","pencil","ruler" };
    char name[20];
    int i,choice,counter;
    while(1)
```

```
    {
        printf("请选择商品名称(1:pen  2:pencil  3:ruler  0:退出)\n");
        scanf("%d",&choice);
        switch(choice)
        {
            case 0:
                exit(0);
            case 1:
            case 2:
            case 3:
                strcpy(name,names[choice]);
                break;
            default:
                strcpy(name,"其他名称");
        }
        counter=0;
        for(i=0;i<10;i++)
        {
            if(strcmp(name,list[i])==0)
                counter++;
        }
        printf("%s 出现次数:%d\n",name,counter);
    }
}
```

## 项目三 数组的综合应用实例

### 1. 项目描述

编程完成学生成绩管理系统，该系统有 4 个主要功能：输入学生成绩、显示全部学生成绩、按学号查找某个学生的成绩信息以及按学号删除某个学生的信息。

### 2. 项目目标

学会利用数组解决实际问题。

### 3. 项目分析

学生成绩管理系统的 4 个主要功能作为 4 个模块，通过输入模块编号选择要进行的操作，其流程图如图 5-1 所示。

### 4. 项目实施

根据上面的分析，写出以下程序代码：

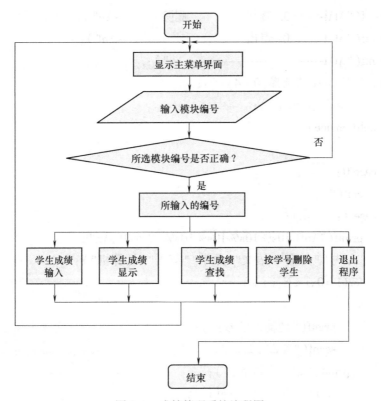

图 5-1 成绩管理系统流程图

```c
#include < stdio. h >
#include < conio. h >
#include < string. h >
#include < process. h >
#define N 10
void main( )
{
    int number[N];
    char name[N][10];
    float mark[N][4];
    int choice,i,j,k,a,num1,num2,num;
    while(1)
    {
        a =0;
        system("cls");
        printf("\t\t\t 学生成绩管理系统\n");
        printf("\t\t------------------------------\n");
        printf("\t\t-    1. 输入      2. 显示      - \n");
```

```c
printf(" \t\t-        3. 查找         4. 删除         - \n");
printf(" \t\t-        0. 退出                        - \n");
printf(" \t\t----------------------------\n");
printf(" \t\t\t 请选择(0 ~ 4):");
scanf("% d",&choice);
switch(choice)
{
   case 0:
     exit(0);
   case 1:
     printf(" \n%10s%10s%10s%10s%10s%10s\n",
     "学号""姓名""语文""数学""英语""计算机");
     for(i = 0;i < N;i ++)
     {
         printf("请输入学号:");
         scanf("% d",&number[i]);
       printf("请输入姓名:");
         scanf("% s",&name[i]);
       printf("请输入第%d 个学生的语文成绩:",i +1);
         scanf("% f",&mark[i][0]);
         printf("请输入第%d 个学生的数学成绩:",i +1);
         scanf("% f",&mark[i][1]);
         printf("请输入第%d 个学生的英语成绩:",i +1);
         scanf("% f",&mark[i][2]);
         printf("请输入第%d 个学生的计算机成绩:",i +1);
         scanf("% f",&mark[i][3]);
     }
     printf("输入结束,请按任意键继续其他操作!");
     getch();
     break;
   case 2:
     printf(" \n 学号   姓名   语文   数学   英语   计算机\n");
     for(j = 0;j < N;j ++)
     {
         if(number[j] ==0)    continue;
         printf("%6d%8s%6. 1f%6. 1f%6. 1f%6. 1f\n",number[j],
     name[j],mark[j][0],mark[j][1],mark[j][2],mark[j][3]);
```

```
    }
    printf("显示结束,请按任意键继续其他操作!");
    getch();
    break;
case 3:
    printf("\n 请输入要查找学生的学号:");
    scanf("%d",&num1);
    while(a<=3)
    {
        for(k=0;k<N;k++)
        {
            if(number[k]==num1)break;
        }
        if(k==N)
        {
            printf("学号输入有误,重新输入:");
            scanf("%d",&num1);
        }
        a++;
    }
    printf("\n  学号  姓名  语文  数学  英语  计算机\n");
    printf("%6d%8s%6.1f%6.1f%6.1f%6.1f\n",number[k],
    name[k],mark[k][0],mark[k][1],mark[k][2],mark[k][3]);
    printf("查询结束,请按任意键继续其他操作!");
    getch();
    break;
case 4:
    printf("\n 请输入要删除学生的学号:");
    scanf("%d",&num2);
    while(a<=3)
    {
        for(k=0;k<N;k++)
        {
            if(number[k]==num2)break;
        }
        if(k==N)
        {
```

```
                    printf("学号输入有误,重新输入:");
                    scanf("%d",&num2);
                }
            a++;
            }
        num=number[k];
        number[k]=0;
        name[k][0]='\0';
        mark[k][0]=0;
        mark[k][1]=0;
        mark[k][2]=0;
        mark[k][3]=0;
        printf("学生%d 删除成功! \n",num2);
        printf("请按任意键继续其他操作!");
        getch();
        break;
    default:
        printf("\n 选择错误! 请按任意键重新输入!\n");
        getch();
        }
    }
}
```

# 第三部分　实训目标、任务

## 实训目标

◆ 熟练掌握一维数组、二维数组、字符数组的定义与使用。
◆ 熟练运用数组进行综合程序的设计。

## 实训任务

1. 分析下列程序的运行结果

（1）
```
#include <stdio.h>
void  main()
{
    int a[]={1,2,3,4},i,s=0,j=1;
    for(i=3;i>=0;i--)
    {
```

```
            s = s + a[i] * j;
            j = j * 10;
        }
        printf("s = % d\n",s);
    }
```

(2) 
```
    #include < stdio. h >
    void   main( )
    {
        int i,j,s = 0;
        int a[3][3] = {1,2,3,4,5,6,7,8,9};
        s = 0;
        for(i = 0;i < 3;i ++ )
            for(j = 0;j < 3;j ++ )
                s = s + a[i][i];
        printf("s = % d\n",s);
    }
```

(3) 
```
    #include < stdio. h >
    void   main( )
    {
        char ch[7] = {"65ab21"};
        int i,s = 0;
        for(i = 0;ch[i] > = '0'&&ch[i] < = '9';i + = 2)
        s = 10 * s + ch[i] - '0';
        printf("% d\n",s);
    }
```

(4) 运行时输入"Hello!"
```
    #include < stdio. h >
    void   main( )
    {
        char ss[10] = "1,2,3,4,5";
        gets(ss);
        strcat(ss,"6789");
        printf("% s\n",ss);
    }
```

(5) 
```
    #include < stdio. h >
    #include < string. h >
    void   main( )
```

```
    {
        char arr[2][4];
        strcpy(arr[0],"you");
        strcpy(arr[1],"me");
        arr[0][3] = '&';
        printf("%s\n",arr[0]);
    }
```

2. 编程实现以下功能

（1）输入一个数，插入到某升序排列的一维数组中，使插入后的数组仍然升序。

（2）从键盘上输入一行由小写英文组成的字符串，用置换法（置换规律：按字母表逆序）对其加密。

（3）输入一行简单英文句子，统计其中单词的个数。

（4）编写程序，输入 10 个整数放入数组 a 中，求数组中最小值 min 及其下标 k 并输出。

（5）求一个 3×3 矩阵对角线元素之和。

（6）编程打印出图 5-2 所示的杨辉三角。

规律：除两侧元素均为 1 之外，其余每个位置上的元素的值为其左上角元素与其正上方元素之和。

```
1
1  1
1  2   1
1  3   3   1
1  4   6   4   1
1  5  10  10   5   1
1  6  15  20  15   6   1
```

图 5-2  杨辉三角

# 模块 6

# 函　数

【学习目标】
◆ 掌握函数的定义和调用。
◆ 掌握实参和形参的关系。
◆ 掌握内部变量和外部变量的概念。
◆ 掌握顺序结构程序设计方法动态变量和静态变量的概念。

## 第一部分　知识准备

在 C 语言中，一个 C 语言程序可以由一个主函数和若干其他函数构成。主函数调用其他函数，其他函数相互调用，同一函数可以被一个或多个函数任意调用多次，如图 6-1 所示。

从用户角度来看，C 语言的函数分为标准函数和用户自定义函数两种。标准函数（库函数）是由系统提供的函数，用户不必自己定义，只要在源文件的开头用#include 命令将调用的库函数信息包含到文件中来，程序中就可以调用了。用户自定义函数是用户根据自己的任务要求，自己编写的函数。本模块主要介绍用户自定义函数的定义和调用。

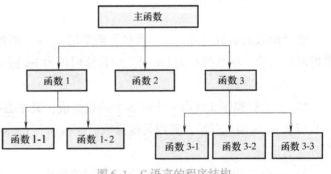

图 6-1　C 语言的程序结构

### 一、函数的定义和调用

#### 1. 函数的定义

函数的定义一般形式有以下两种：

（1）函数定义的传统形式

存储类型　数据类型　函数名（形参表）

形参类型说明语句序列

```
{
    函数体
}
```

(2) 函数定义的现代风格形式

存储类型　数据类型　函数名（类型　参数 1，类型　参数 2，……）

```
{
    函数体
}
```

例如，一个求和函数可以写成：

```
int sum(x,y)
int x;
int y;
{
    return(x + y);
}
```

也可写成：

```
int sum(int x,int y)
{
    return(x + y);
}
```

这个函数的函数名为 sum，形参是整型的 x、y，函数体是 {return(x + y);}，完成两个数的求和功能。函数类型为 int 型（函数返回值为 int 型）。

说明：

1）一个源程序文件由一个或多个函数组成，其中必有一个函数名为 main 的函数，程序的执行从 main 函数开始，调用其他函数后流程回到 main( ) 函数，在 main( ) 函数中结束整个程序的运行。

2）一个 C 程序由一个或多个源程序文件组成。

3）函数类型指出该函数返回值的类型，有 int、float、char 等。若函数无返回值，则函数可以定义为空类型 void，默认为 int。

4）函数名符合标识符的定义。一般提倡函数名与函数内容有一定关系，以增强程序的可读性。

5）函数的形参表可有可无，无形参表的函数称为无参函数。函数名后的 ( ) 不能省略。在调用无参函数时，主调函数并不将数据传送给被调函数，一般用来执行指定的一组操作。

6）有参函数可由一个或多个形参组成，多个参数之间用逗号隔开。在调用该类函数时，主调函数可以将数据传送给被调函数使用。

2. 函数的说明和调用

函数的使用与变量的使用相似，使用前要先定义其类型后才能使用。主调函数调用被调函数时，在调用前应先对被调函数进行说明，即先说明后调用。

C 语言中，函数说明的一般格式如下：

类型说明符 函数名( )

当函数类型为 int 型，或被调用函数定义在主调函数之前时，可以省略对被调函数的说明。

编好一个函数后，要由主调函数来调用才能发挥作用。一个函数（主调函数）在执行过程中去执行另一个函数（被调函数），称为函数调用。当被调函数执行完毕后，返回到主调函数调用处之后继续执行，称为函数调用返回。C 语言中调用函数的一般格式如下：

函数名（实参表）；

函数调用按其在程序中出现的位置来分，有以下 3 种调用方式。

（1）函数表达式

函数出现在一个表达式中，这种表达式称为函数表达式。这种表达式需要函数返回一个确定的值。

例如：求 3 个任意数中的最大数。

```
float f(x,y)
float x,y;
{
    float z;
    z = x > y? x:y;
    return(z);
}
#include < stdio. h >
void    main( )
{
    float a,b,c,max;
    printf("请输入任意 3 个实数:");
    scanf("% f% f% f",&a,&b,&c);
    max = f(a,b);
    max = f(max,c);
    printf("最大数是:% f",max);
    printf("\n");
}
```

被调函数 f( ) 定义在主调函数 main( ) 之前，省略了对被调函数 f( ) 的说明。

（2）函数参数

把函数调用作为一个函数的实参，例如：

```
float f(x,y)
float x,y;
{
    float z;
    z = x > y? x:y;
    return(z);
}
#include < stdio. h >
void   main( )
{
    float a,b,c,max;
    printf("请输入任意 3 个实数:");
    scanf("%f%f%f",&a,&b,&c);
    max = f(f(a,b),c);
    printf("最大数是:%f",max);
    printf("\n");
}
```

(3) 函数语句

把函数调用作为一语句,不要求函数带回值,只要求函数完成一定的操作,例如:

```
#include < stdio. h >
void   main( )
{
    float a,b,c,max;
    void   f( );
    printf("请输入任意 3 个实数:");
    scanf("%f%f%f",&a,&b,&c);
    f(a,b,c);
    printf("\n");
}
void   f(x,y,z)
float   x,y,z;
{
    float max;
    if(x > y) max = x;
    else max = y;
    if(x < z) max = z;
    printf("最大数是:%f",max);
}
```

### 3. 函数的返回值

通常，希望通过函数调用使主调函数能得到一个确定的值，这就是函数的返回值。

1）函数的返回值是通过函数中的 return 语句获得的。return 语句将被调函数中的一个确定值带回主调函数中去。一个函数中可以有一个以上的 return 语句，执行到哪一个 return 语句，哪一个语句就会起作用。

2）函数的数据类型即为函数返回值的类型。在定义函数时，没有进行数据类型说明，一律自动按 int 处理。如果函数值的类型和 return 语句中表达式值的类型不一致，则以函数类型为准。对于数值型数据，可以自动进行类型转换，即函数类型决定返回值的类型。

3）如果被调函数中没有 return 语句，函数带回一个不确定的值。为了明确表示不带回值，可以用 void 说明无类型（或称"空类型"）。为了减少程序出错，保证正确调用，凡不要求带回函数值的函数，一般都定义为 void 类型。

## 二、变量的作用域

在 C 语言中，变量的定义形式和位置不同，其作用的范围就不同。变量的作用范围称为变量的作用域。根据变量的作用域，变量分为局部变量和全局变量。

### 1. 局部变量

在一个函数内部定义的变量称为局部变量。它只在本函数范围内有效，也就是说只有在函数内才能使用它们，在函数以外是不能使用这些变量的。例如：

```
float    f1(int a,float x)
{
  int b,c;
  …
}
char    f2(int x,int y)
{
  float c;
  …
}
void    main()
{
  int m,n;
…
}
```

说明：

1）在主函数 main() 中定义的变量 m、n 只能在主函数中有效，而在 f1() 和 f2() 中是无效的；变量 b、c 只能在 f1() 函数中有效；变量 a 只能在 f2() 函数中有效。

2) 不同函数中可以使用相同的变量名,它们代表不同的对象,在内存中占不同的存储单元,互不干扰。例如,f1( ) 函数中的变量 c 和 f2( ) 函数中的变量 c。

3) 形参也是局部变量。它们与函数中的其他变量类似,代表不同的对象。例如,f1( ) 函数中的形参 x 和 f2( ) 函数中的 x。

2. 全局变量

程序的编译单位是源文件,一个源文件可以包含一个或若干个函数。在函数内部定义的变量称为局部变量。在函数外部定义的变量称为全局变量,又称为外部变量。全局变量可以为该文件中其他函数所共用。它的有效范围为从定义变量的位置开始到本源文件结束。

例如:

```
int p,q;                /*全局变量*/
float   f1(int a)        /*定义函数 f1*/
{
  int b,c;
...
}
char c1,c2;             /*全局变量*/
char   f2(int x,int y)   /*定义函数 f2*/
{
  float i,j;
  ...
}
void main( )            /*主函数*/
{
  int m,n;
...
}
```

p、q、c1、c2 都是全局变量,但它们的作用范围不同,在 main( ) 函数和 f2( ) 函数中可以使用全局变量 p、q、c1、c2,但在函数 f1 中只能使用全局变量 p、q。

三、变量的存储方式与类型

1. 静态存储方式和动态存储方式

从变量的作用域范围来分,变量可以分为全局变量和局部变量。从变量值存在的时间来分,变量的存储类型可以分为静态存储方式和动态存储方式。

静态存储方式是指在程序运行期间分配固定的存储空间,动态存储方式是指在程序运行期间根据需要动态分配存储空间。

在内存中供用户使用的存储空间是由程序区、静态存储区和动态存储区 3 部分组成的。

数据分别存放在静态存储区和动态存储区中。全局变量存放在静态存储区中，在程序开始时就给全局变量分配存储区，程序执行完时才释放存储空间。在程序执行过程中占用固定存储单元，而不是动态分配和释放存储空间。

动态存储区主要存放函数的形参、自动变量以及函数使用时的现场保护和返回地址等。对于这些数据，在函数调用时开始分配动态存储空间，函数结束时释放这些空间。如果一程序中两次调用同一函数，则每次分配给函数中局部变量的存储地址可能是不相同的。

2. 变量的存储类型

一个变量和函数都存在两种属性，一种是数据类型属性，它说明变量占有存储空间的大小，如整型、实型、字符型等；另一种是变量的存储类型，主要有 auto（自动）型、register（寄存器）型、static（静态）型和 extern（外部）型 4 种。

(1) auto（自动）变量

auto 变量只用于定义局部变量，存储在内存中的动态存储区。自动变量的定义形式如下：

auto　数据类型　变量名表；

局部变量存储类型默认时为 auto 型。例如：

```
int    f(int x)              /*定义 f 函数,x 为形参*/
{
  auto int a,b;             /*定义整型变量 a、b 为自动变量*/
  float   y;                /*定义 y,默认存储类型为自动变量*/
  …
}
```

(2) static（静态）变量

static 型既可以定义全局变量，又可以定义局部变量，在静态存储区分配存储单元。在整个程序运行期间，静态变量始终占用被分配的存储空间。定义形式如下：

static　数据类型　变量名表；

说明：

1）静态局部变量是在编译时赋初值的，即赋初值一次，程序运行时它已有初值。以后每次调用函数时不再重新赋初值，而只引用上次函数调用结束时的值。

2）若在定义静态局部变量时没有赋初值，则编译时自动赋初值 0（对数值变量）或空字符（对字符变量）。

3）定义全局变量时，全局变量的有效范围是它所在的源文件，其他源文件不能使用。

例 6-1　分析下列程序的运行结果。

```
void    main( )
{
  void   f( );
  f( );
```

```
    f( );
    f( );
}
void    f( )
{
    int    x = 0;
    x + + ;
    printf("% d\t",x);
}
```

在 f( ) 函数中，由于 x 是 auto 变量，其存储空间是动态分配的，每次调用 f( ) 函数时
分配 4 个字节存储空间，本次调用结束后释放所占用的存储空间，其值不保留，因此 3 次调
用函数的结果相同。程序运行结果如下：

1          1          1

若将该例中的 "int x = 0;" 改为 "static    int    x = 0;"，则 x 被定义为静态局部变量，
整个程序运行过程中，编译系统为其在静态存储区固定分配 4 个字节存储单元，初值为 0，
每次调用 f( )，x 值将发生变化，变化后的值被保留，代入下次调用 f( ) 函数中，因此修改
程序后，程序运行结果如下：

1          2          3

（3）register（寄存器）变量

一般情况下，变量的值是存放在内存中的。如果某些变量要频繁使用，则将这些变量存
放在寄存器中，这时可将变量定义为 register 型。定义形式如下：

register    数据类型    变量名表;

说明：

1）在一个计算机系统中寄存器数量是有限的，因此不能定义太多的寄存器变量。

2）只有局部自动变量和形参可以定义为寄存器变量。

例 6-2    分析下列程序存在的错误。

```
#include < stdio. h >
void    main( )
{
    register int x;
    x = 1000;
    printf("% d\n",&x);
}
```

寄存器变量 x 不能使用 "&" 运算符，因此要将寄存器变量改为非寄存器变量，即将
"register int x;" 改为 "int x;" 即可。

（4）extern（外部）变量

extern 变量称为外部变量，也就是全局变量，是对同一类变量的不同提法，全局变量是

从作用域角度提出的，外部变量是从其存储方式提出的，表示它的生存期。外部变量的定义必须在所有函数之外，且只能定义一次，其定义形式如下：

extern 数据类型 变量名表；

若 extern 变量的定义在后，使用在前，或者引用其他文件的 extern 变量，这时必须用 extern 对该变量进行外部说明。

例 6-3 extern 变量定义与外部说明示例。

程序代码如下：

```c
#include < stdio. h >
int b = 3;                             /*定义 extern 变量 b*/
void   main( )
{
   extern int a;                       /* extern 变量 a 的外部说明*/
   printf( "a = % d\tb = % d\n" ,a,b) ;
}
int a = 18;                            /*定义 extern 变量*/
```

程序中定义了两个全局变量 a、b，其中变量 a 定义在使用之后，因此必须加外部说明语句。变量 b 定义在使用之前，因此可以默认外部说明语句。程序的运行结果如下：

a = 18      b = 3

## 四、函数的嵌套调用和递归调用

### 1. 函数的嵌套调用

C 语言规定不允许在定义的一个函数中再定义一个函数，也就是说，一个函数内不能包含另一个函数。虽然 C 语言不能嵌套定义函数，但可以嵌套调用函数。例如，在下例调用 f1( ) 函数的过程中，还可以调用 f2( ) 函数。

```c
float   f1( int a,int b)
{
   …
   f2( a + b,a - b) ;
   …
}
int   f2( int x,int y)
{
   …
}
```

f1( ) 函数、f2( ) 函数是两个独立的函数，但在 f1( ) 的函数体内又包括了对 f2( ) 函数的调用，其调用过程如图 6-2 所示。调用过程按图中箭头所示方向顺序进行，每次调用之后，最终返回到原调用点，继续执行后续语句。

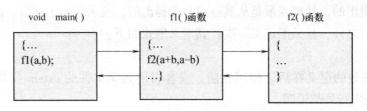

图 6-2 函数的嵌套调用

例 6-4 求 $1^k + 2^k + 3^k + \cdots + n^k$ 的值，假设 k 为 4，n 为 6。

程序代码如下：

```
#include <stdio. h>
void   main( )
{
  int   add( int a, int b) ;
  int   powers( int m, int n) ;
  int   sum, n = 6, k = 4;
  sum = add( k, n) ;
  printf( "输出结果为% d\n", sum) ;
}
add( int a, int b)
{
  int i, s = 0;
  for( i = 1; i < = b; i + + )
    s = s + powers( i, a) ;
  return( s) ;
}
powers( int m, int n)
{
  int j, p = 1;
  for( j = 1; j < = n; j + + )
    p = p * m;
  return( p) ;
}
```

该程序中有 3 个函数 main( )、add( ) 和 powers( )。主函数 main( ) 调用 add( ) 函数，其功能是进行累加；在 add( ) 函数中再调用 powers( ) 函数，其功能是进行累乘。运行程序后，得到如下的运行结果：

2275

2. 函数的递归调用

在调用一个函数的过程中直接或间接地调用该函数本身，称为函数的递归调用。C 语言的特点之一就在于允许函数的递归调用。

递归函数要避免死循环，在编写递归调用程序时，必须在递归调用语句的前面写上终止递归的条件，常采用以下形式：

if （条件） 递归调用

else

所以编写递归函数时，必须清楚以下两个主要问题：

1）递归程序算法，即如何实现递归。

2）递归调用的结束条件。

**例 6-5** 用递归算法编程求 n！（阶乘）。

在数学中计算 n！ 的公式为 $n! = 1 \times 2 \times 3 \times 4 \times \cdots \times n$

递归算法中 n！是通过如下公式计算的：$1! = 1$，$n! = n \times (n-1)!$。当 $n > 1$ 时，按上述相反的过程回溯计算，就得到 n！ 的计算结果。

程序代码如下：

```c
#include < stdio. h >
int    fac( int n)
{
  if( n <0||n >10)
  {
    printf( "输入数据错误!" );
    exit(0);
  }
  else if( ( n ==0)||( n ==1)) return(1);
  else return( n * fac( n -1) );
}
void    main( )
{
  int n,y;
  printf( "请输入一个小于 10 的正整数:" );
  scanf( "% d" ,&n);
  y = fac( n);
  printf( "% d! = % d\n" ,n,y);
}
```

程序的运行结果如下：

请输入一个小于 10 的正整数:5　回车

5! =120

## 第二部分 项目教学

### 项目一 函数定义和调用的实现

1. 项目描述

设某班有 10 人, 写一程序统计某一单科成绩各分数段的分布人数, 每人的成绩随机输入, 并要求按格式输出统计结果 ("＊"表示实际分布人数)。

2. 项目目标

学会函数的定义和调用, 学会调用函数的方法实现程序的全部功能。

3. 项目分析

现在需要定义一个输出 n 个 "＊" 的函数, 在 main 函数中统计各分数段的人数, 分别用 n1、n2、n3 来存放。在函数调用时, n1 为实参, 传给形参 n, 输出 0 ~ 59 的分布人数; n2 为实参, 传给形参 n, 输出 60 ~ 84 的分布人数; n3 为实参, 传给形参 n, 输出 85 ~ 100 的分布人数。

4. 项目实施

根据以上分析得到如下程序代码:

```
#include < stdio. h >
void    star( int n)
{
    int i;
    for( i = 0;i < n;i ++ )
        printf( " * " );
    printf( " \n" );
}
void    main( )
{
  int i,j,n1,n2,n3,score;
  i = 1;n1 = n2 = n3 = 0;
  printf( "请输入 10 个整数:" );
  while( i < =10)
  {
        scanf( " % d" ,&score);
        if( score > =0&&score < =59)    n1 ++ ;
        else if( score > =60&&score < =84)    n2 ++ ;
        else if( score > =85&&score < =100)    n3 ++ ;
        i ++ ;
```

```
    }
  printf("0--59");star(n1);
  printf("60--84");star(n2);
  printf("85--100");star(n3);
}
```

程序的运行结果如下：

请输入 10 个整数:23　57　78　96　36　79　55　92　80　60　回车
  0 --59　　　****
60 --84　　　****
85 --100　　**

## 项目二　函数中变量作用域的确定

### 1. 项目描述

一数组中存放有 10 个学生的成绩，写一个函数求出平均分、最高分和最低分。

### 2. 项目目标

掌握全局变量的设置及应用。

### 3. 项目分析

该函数应返回平均分、最高分和最低分 3 个数值，而 return( ) 只能返回一个值，所以将最高分 max 和最低分 min 设置为全局变量。

### 4. 项目实施

根据以上分析得到如下程序代码：

```
#include < stdio. h >
float    max =0,min =0;
float    average(float a[ ],int n)
{
   int i;
   float aver,sum = a[0];
   max = min = a[0];
   for (i =1;i < n;i ++)
   {
     if (a[i] > max)    max = a[i];
     else if   (a[i] < min)    min = a[i];
     sum = sum + a[i];
   }
   aver = sum/n;
   return(aver);
}
```

```
void   main( )
{
    float ave,score[10];
    int i;
    printf("请输入 10 个分数:");
    for(i=0;i<10;i++)
    scanf("%f",&score[i]);
    ave = average(score,10);
    printf("max = %6.2f\nmin = %6.2f\naverage = %6.2f\n",max,min,ave);
}
```

程序的运行结果是:

请输入 10 个分数:87   77   45   63   89   88   94   99   38   68   回车

max = 99.00

min = 38.00

average = 74.80

## 项目三   变量类别在函数中的应用

### 1. 项目描述

输入长方体的长、宽、高 (l、w、h),求体积及 3 个面 l×w、l×h、w×h 的面积。

### 2. 项目目标

掌握变量的存储类别在函数中的应用。

### 3. 项目分析

这个程序跟前面的程序一样,首先需设置 3 个变量 s1、s2、s3 来分别存储 3 个面的面积,定义 3 个变量来存储长方体的长宽高 l、w、h,但是需在变量的存储类别上做些变化。

### 4. 项目实施

根据以上分析得到如下程序代码:

```
#include < stdio.h >
static int    s1,s2,s3;
int    vs(int a,int b,int c)
{
    static int v;
    v = a * b * c;
    s1 = a * b;
    s2 = b * c,
    s3 = a * c;
    return v;
}
```

```
void   main( )
{
    register int v;
    auto int l, w, h;
    printf ("请输入长、宽、高:");
    scanf ("%d%d%d", &l, &w, &h);
    v = vs (l, w, h);
    printf ("v = %d   s1 = %d   s2 = %d   s3 = %d \ n", v, s1, s2, s3);
}
```
程序的运行结果是:

请输入长、宽、高:5　4　3　回车
v = 60　s1 = 20　s2 = 12　s3 = 15

## 项目四　嵌套调用在函数中的应用

**1. 项目描述**

求两个整数的最大公约数和最小公倍数,在主函数中调用并输出结果。

**2. 项目目标**

熟练掌握函数的嵌套调用。

**3. 项目分析**

C 语言规定不允许在定义的一个函数中再定义一个函数,但可以嵌套调用函数。可以定义两个函数 gcd 和 lcm,在调用 lcm 的时还可以调用 gcd。

**4. 项目实施**

根据以上分析得到如下程序代码:

```
#include < stdio. h >
int   gcd(int a,int b)
{
    int r,temp;
    if(a < b)
    {
        temp = a;
        a = b;
        b = temp;
    }
    while(b! =0)              /*利用辗除法,直到 b 为 0 为止*/
    {
        temp = a%b;
        a = b;
```

```
        b = temp；
    }
      return a；
}
int    lcm(int a,int b)
{
    int r；
    r = gcd(a,b)；
    return(a * b/r)；
}
void    main( )
{
    int x,y；
    printf("请输入两个整数:")；
    scanf("% d% d",&x,&y)；
    printf("两个整数的最大公约数:% d\n",gcd(x,y))；
    printf("两个整数的最小公倍数:% d\n",lcm(x,y))；
}
```

程序的运行结果是:

请输入两个整数:15　25　回车
两个整数的最大公约数:5
两个整数的最小公倍数:75

## 项目五　递归调用在函数中的应用

### 1. 项目描述

猜年龄:5 个小朋友排着队做游戏,第 1 个小朋友 4 岁,其余的年龄一个比一个大 1 岁,第 5 个小朋友的年龄是多少?

### 2. 项目目标

掌握递归调用在函数中的应用。

### 3. 项目分析

设 age(n) 是求第 n 个人的年龄,根据工作任务的题意可知:

age(5) = age(4) + 1

age(4) = age(3) + 1

age(3) = age(2) + 1

age(2) = age(1) + 1

age(1) = 4

可以用数学公式表述:

$$age(n) = \begin{cases} 4 & (n=1) \\ age(n-1) & (n>1) \end{cases}$$

递归调用其实仍然属于嵌套调用，只不过调用的是自己。递归调用在调用函数本身的过程中不是无限制调用，必须有语句控制它，使调用停止，否则程序就会陷入死循环，这点必须在逻辑上考虑清楚。

4. 项目实施

根据以上分析得到如下程序代码：

```
#include < stdio. h >
age(int n)
{
  int c;
  if(n==1)    c=4;
  else c=age(n-1)+1;
  return c;
}
void   main()
{
  printf("age(5)=%d\n",age(5));
}
```

程序的运行结果是：

age(5)=8

# 第三部分　实训目标、任务

## 实训目标

◆ 掌握函数的定义和调用。

◆ 掌握全局变量和局部变量之间的关系。

◆ 掌握嵌套调用和递归调用在函数中的运用。

## 实训任务

1. 程序填空题（请按要求填空，补充以下程序）

（1）下列程序功能是统计从键盘上输入的字符中大写字母的个数，输入时用"＊"作为输入结束标志。

```
#include < stdio. h >
#include < ctype. h >
void   main()
```

```
{
    char c1;
    int count = 0; scanf("%c", & c1);
    while(_____! = " * ")
    {if(isupper(c1))    count ++;
    scanf("%c", & c1);}
    printf("_____", count);
}
```

（2）下列程序的功能是求 10 ~ 1000 的所有素数。

```
#include < stdio. h >
void    main()
{
    int i;
    for(i = 10; i < = 1000); i ++)
        if(isprime(_____))
    printf("%d,", i);
    printf("\n");
}
#include _____
isprime(int n)
{
    int i;
    for(i = 2; i < = sqrt(n); i ++)
        if(n%i == 0) return(_____);
    return(_____);
}
```

2. 分析下列程序的运行结果

```
（1）  #include < stdio. h >
    int d = 1;
    f(int p)
    {
        int d = 1;
        d += p ++;
    }
    void    main()
    {
        int a = 5;
        f(a);
        d += a ++;
```

```
        printf("%d\n",d);
    }
(2) #include < stdio.h >
    void   main()
    {
        int k = 4,m = 1,p;
        p = fun(k,m);
        printf("%d,",p);
        p = fun(k,m);
        printf("%d",p);
    }
    fun(int a,int b)
    {
        static int m = 0,i = 2;
        i + = m + 1;
        m = i + a + b;
        return(m);
    }
(3) #include < stdio.h >
    void   main()
    {
        int a = 2,i;
        for(i = 0;i < 3;i ++);
        printf("%d",func(a));
    }
    func(int a)
    {
        int b = 0;
        static c = 3;
        b ++ ;c ++ ;
        return(a + b + c);
    }
```

3. 编程实现以下功能

(1) 编写一个函数, 统计一个字符串中所含字母、数字、空格和其他字符的个数。

(2) 某班 (假设有 10 人) 期中考试共有 5 门成绩, 分别用函数求: ①每个学生的平均分; ②每门课程的平均分; ③按每个学生的平均分排序。

(3) 用递归方法调用函数 fun(int n), 计算 $1 + 2 + 3 + 4 + \cdots + n$ 的和。

# 模块 7

# 指　针

【学习目标】

◆ 掌握指针的基本概念和基本应用方法。

◆ 能够根据程序需要进行指针变量的定义和引用。

◆ 能够运用指针实现一维数组和二维数组的操作。

◆ 能够运用指针实现字符串的处理。

◆ 加强程序调试的能力。

第一部分　知 识 准 备

## 一、指针

为了说清楚什么是指针，必须先弄清楚数据在内存中是如何存储的，又是如何读取的。

如果在程序中定义了一个整型变量 i，在对程序进行编译时，系统会根据具体开发环境的编译系统分配一定长度的空间。例如，在 VC ++ 开发环境下编译系统会给整型变量分配 4 个字节的长度。内存中的每一个字节有一个编号，这个编号就是"地址"，它相当于房间编号。在地址所标志的内存单元中存放的数据相当于旅馆中每个房间的旅客。

由于通过地址能找到所需的变量单元，所以可以说地址指向该变量单元。例如，一个房间门口挂了一个 2008 的牌号，那么这个 2008 的牌号就是房间地址，或者说是 2008 "指向" 这个房间。因此，将地址形象化地称为 "指针"，意思是通过它可以找到以它为地址的内存单元，从而可以读写该单元中的内容。

假如在 VC ++ 6.0 开发环境中定义一个整型变量 i = 3，编译系统给它分配一个 4B 长度的空间，其起始地址为 2000，那么这个变量的地址为 2000，内容为 3，如图 7-1 所示。

直接按变量名进行的访问称为 "直接访问" 方式。

例如：printf("% d\n",i);

通过变量的地址来访问变量称为 "间接访问" 方式。

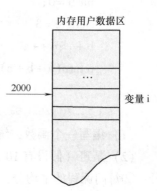

图 7-1　变量 i 地址分配

114

例如：printf("%d\n",&i);

一个变量的地址称为该变量的"指针"。例如，地址 2000 是变量 i 的指针。如果有一个变量专门存放另一变量的地址（即指针），则它称为"指针变量"。

例如：i_pointer = &i;

将变量 i 的地址赋值给 i_pointer 变量，这里 i_pointer 变量即为指针变量。指针变量就是地址变量，用来存放地址，指针变量的值就是地址（即指针）。

## 二、指针变量

从上节已知，存放地址的变量即为指针变量，它用来指向另一个对象（如变量、数组、函数等）。

### 1. 定义指针变量

定义指针变量的一般形式如下：

类型名　*指针变量名；

例如：int　* pointer_1, * pointer_2,…;

左端 int 是在定义指针变量时必须指定的基本数据类型。指针变量的基本数据类型用来指定指针变量可以指向的变量类型。例如，上面定义的基本数据类型为 int 的指针变量 pointer_1 和 pointer_2，可以指向整型变量，但是不能指向其他基本数据类型（如 char、float 等）。

下面都是合法的指针变量定义：

float　* pointer_3;

char　* pointer_4;

可以在定义指针变量时初始化它们，例如：

int　* pointer_1 = &a, * pointer_2 = &b;

说明：

1）指针变量前面的"*"表示该变量的类型为指针变量。

2）在定义指针变量时必须指定基本数据类型。

3）指针变量中只能存放地址（指针），不能将一个整型值赋值给指针变量。

例如：int　* pointer_1 = 100;pointer_1 是指针变量,100 是整数,不合法。

### 2. 引用指针变量

在引用指针变量时，有以下 3 种情况：

（1）给指针变量赋值

例如：p = &a;

指针变量 p 的值是变量 a 的地址，即 p 指向 a。

（2）引用指针变量指向变量（间接引用）

如果已执行"p = &a;"，即指针变量 p 指向变量 a，则语句"printf("%d\n",* p);"的作用是输出指针变量 p 所指向的变量 a 的值。

如果有赋值语句"* p = 1;"，则表示把 1 赋值给指针变量 p 指向的变量，即等价于"a = 1;"。

（3）输出指针变量的值

例如：printf("%o",p);

该语句的作用是以八进制形式输出指针变量 p 的值。如果 p 指向了 a，则输出变量 a 的地址，即 &a。

注意：要熟练掌握以下两个运算符：

1）& 取地址运算符。&a 是变量 a 的地址。

2）* 指针运算符（或称"间接访问"运算符）。* p 代表指针变量 p 所指向的对象。

例 7-1　输入 a 和 b 两个整数，按先大后小的顺序输出 a 和 b。

解题思路：用指针方法来处理这个问题。不交换 a 和 b 的值，而是交换两个指针变量的值。程序代码如下：

```
#include < stdio. h >
void    main( )
{
   printf("请输入两个整数:");
   int * p_1, * p_2, * p_temp,a,b;
   scanf("%d%d",&a,&b);
   p_1 = &a;
   p_2 = &b;
   if(a < b){
      p_temp = p_1;
      p_1 = p_2;
      p_2 = p_temp;
   }
   printf("a = %d,b = %d\n",a,b);
   printf("max = %d,min = %d\n", * p_1, * p_2);
}
```

程序的运行结果如下：

```
请输入两个整数:5  9   回车
a = 5,b = 9
max = 9,min = 5
```

3. 指针变量作为函数参数

函数的参数不仅可以是整型、浮点型、字符型等数据，还可以是指针类型。它的作用是将变量的地址传送给另一个函数。下面通过一个例子来进行说明。

例 7-2　题目要求同例 7-1，现用函数处理，而且用指针类型的数据作函数参数。

解题思路：本题定义一个 swap 函数，将指向两个整型变量的指针变量作为参数传递给 swap 函数形参指针变量，在函数中通过指针实现交换两个变量的值。

程序代码如下：

```
#include < stdio. h >
void    swap( int * p_1, int * p_2)              / * 定义 swap 函数 * /
{
   int p;                                        / * 交换 p_1 和 p_2 分别指向变量的值 * /
   p = * p_1;
   * p_1 = * p_2;
   * p_2 = p;
}
void    main( )
{
   int * p_1, * p_2,a,b;
   printf(" 请输入两个整数:");
   scanf(" % d% d", &a, &b);
   p_1 = &a;
   p_2 = &b;
   if( a < b) { swap( p_1, p_2);}
   printf(" max = % d, min = % d\n", a, b);
}
```

运行结果:

请输入两个整数:5　9　　回车
max = 9, min = 5

注意:本例采取的方法是交换 a、b 的值,而 p_1 和 p_2 的值不变。这和例 7-1 恰恰相反。
下面考虑一下能否通过下面的函数实现 a 和 b 交换。

```
void    swap( int    a, int    b)
{
   int temp;
   temp = a;
   a = b;
   b = temp;
}
```

下面编程验证是否能够实现 a 和 b 的交换。

```
#include < stdio. h >
void    swap( int    a, int    b)
{
   int    temp;
   temp = a;
   a = b;
```

```
      b = temp;
   }
   void   main( )
   {
      int   a,b;
      printf("请输入两个整数:");
      scanf("%d%d",&a,&b);
      if(a < b){swap(a,b);}
      printf("max = %d,min = %d\n",a,b);
   }
```

程序运行结果如下:

请输入两个整数:5    9    回车
max = 5,min = 9

思考:为什么例 7-2 中的 a 和 b 交换了,而修改 swap 函数后却不能交换 a 和 b?

## 三、指针与数组

1. 数组元素的指针

一个变量有地址,一个数组包含若干个元素,每个元素在内存中都占用存储单元,它们都有相应的地址。指针变量可以指向变量,也可以指向数组元素(把数组元素地址放到指针变量中)。数组元素的指针就是数组元素的地址。

可以用一个指针变量指向一个数组元素。例如:

int   a[10] = {1,3,5,7,9,11,13,15,17,19};

int   * p;

p = &a[0];

以上是使指针变量 p 指向数组第 0 号元素。

引用数组元素可以使用下标法(如 a[1]),也可以使用指针法,即通过指向数组元素的指针找到所需的元素。使用指针可以使得目标程序质量高(占内存少,运行速度快)。

在 C 语言中,数组名代表数组首元素的地址,因此下面两个语句等价:

p = &a[0];

p = a;

注意:数组名不代表整个数组,只代表数组首元素的地址。上述"p = a"的作用是把 a 数组首元素的地址赋给指针变量 p,而不是把 a 数组各元素的值赋给 p。

2. 指针运算

指针指向数组元素时,可以对指针进行加、减运算。

1)加一个整数,如 p + 1。

2)减一个整数,如 p - 1。

3)自加运算,如 ++p、p ++。

4）自减运算，如 -- p、p -- 。

说明：p + 1 指向同一数组中下一个元素，p - 1 指向同一数组上一个元素。

下面通过一个例子来体验一下指针运算。

例 7-3 一个整型数组 a，有 10 个元素，要求输出数组的全部元素。

解题思路：利用指针变量遍历整个数组，实现数组元素的全部输出。

程序代码如下：

```
#include < stdio. h >
void   main( )
{
  int   * p,i,a[10];
  printf("请输入 10 个整数:");
  for(i =0;i <10;i ++ )
  {
    scanf("% d",&a[i]);
  }
  p = a;
  for(i =0;i <10;i ++ )
  {
    printf("% d,", * (p +i));
    /* 通过指针变量的运算得到元素的地址,从而得到元素的值 */
  }
  printf(" \n,");
}
```

程序运行结果如下：

请输入 10 个整数:1 2 3 4 5 6 7 8 9 0 回车
1,2,3,4,5,6,7,8,9,0,

**3. 指针数组与多重指针**

定义一维指针数组的一般形式如下：

类型名   *数组名[数组长度]

类型名中应包括符号"*"，如"int *"表示指向整型数据的指针类型。

数组中每个元素都有自己的地址，把这些地址放在一个数组中就构成了指针数组，例如：int   a[3] ={1,2,3};

根据指针数组的定义，可以把数组 a 中每个元素的地址存放在如下指针数组中：

int   *p[3] ={&a[0],&[1],&a[2]};

这里的变量 p 就是指针数组。又因为 p 本身是数组的首地址（即指针），所以 p 是指向指针的指针。

下面定义一个指向指针数据的指针变量：int   * *p;

p 的前面有两个"∗"，根据∗运算符从右到左的运算顺序，∗∗p 相当于∗(∗p)，显然∗p 是指针变量的定义形式。如果没有最前面的∗，则定义了一个指向整型数据的指针变量。现在它前面又有了∗，即 int ∗∗p，可以把它分成两部分来看（int ∗ 和（∗p)），后面的∗p 表示指针变量，前面的 int ∗ 表示 p 指向 int ∗ 数据类型。

### 4. 通过指针引用多维数组

下面定义一个二维数组 a，它有 3 行 4 列，其定义如下：

int    a[3][4] = {{1,3,5,7},{9,11,13,15},{17,19,21,23}};

从二维数组的角度来看，a 代表数组首元素的地址，现在的首元素不是一个简单的整型元素，而是由 4 个整型元素组成的一维数组，因此 a 代表的是首行（即序号为 0 的行）的首地址。a +1 代表序号为 1 的行的首地址。a +1 指向 a[1]，或者说 a +1 的值是 a[1] 的首地址。

a[0] 是一维数组名，因此 a[0] 代表一维数组中第 0 列的地址，即 &a[0][0]。也就是说，a[1] 的值是 &a[1][0]，a[2] 的值是 &a[2][0]。

为了加深印象，更好地理解指针与二维数组的关系，请仔细分析下面的例子。

例 7-4  输出二维数组的有关数据（地址和值）。

```
#include < stdio. h >
void    main( )
{
   int a[3][4] = {1,3,5,7,9,11,13,15,17,19,21,23};
   printf("%d,%d\n",a,* a);
   printf("%d,%d\n",a[0],*(a +0));
   printf("%d,%d\n",&a[0],&a[0][0]);
   printf("%d,%d\n",a[1],a +1);
   printf("%d,%d\n",&a[1][0],*(a +1) +0);
   printf("%d,%d\n",a[2],*(a +2));
   printf("%d,%d\n",&a[2],a +2);
   printf("%d,%d\n",a[1][0],*(*(a +1) +0));
   printf("%d,%d\n",* a[2],*(*(a +2) +0));
}
```

程序运行结果如下：

1310544,1310544

1310544,1310544

1310544,1310544

1310560,1310560

1310560,1310560

1310576,1310576

1310576,1310576

9,9

17,17

## 四、指针与字符串

在 C 语言程序中，字符串是存放在数组中的。引用字符串可以利用数组和
指针变量两种方式。利用数组引用字符串在数组中已经介绍过，这里重点介绍利用指针变量
来引用字符串。下面通过一个例子来介绍该方法。

例 7-5 通过字符指针变量输出一个字符串。

解题思路：可以不定义字符数组，定义一个字符指针变量，用它指向字符串常量中的字
符，通过字符指针变量输出字符串。

程序代码如下：

```
#include < stdio. h >
void    main( )
{
    char    * string = " I   love   China!";
    printf ( "% s \ n" ,  string);
}
```

程序运行结果如下：

I  love   China!

程序分析：在程序中没有定义字符数组，只定义了一个 char * 型变量（字符指针变量）
string，用字符串常量"I love China!"对它初始化。C 语言对字符串常量是按字符数组处理
的，在内存中开辟了一个字符数组来存储字符串常量，但是这个字符数组是没有名字的，因
此不能用数组名来引用，只能通过指针变量来引用。

对字符指针变量 string 初始化，实际上是把字符串的第一个元素的地址赋给了指针变
量 string。

## 五、指针与函数

### 1. 函数指针

如果在程序中定义了一个函数，在编译时，编译系统会为该函数分配一段存储空间，这
段存储空间的起始地址（又称入口地址）称为这个函数的指针。

### 2. 定义和使用函数指针变量

定义指向函数的指针变量的一般形式如下：

类型名  ( * 指针变量名)(参数列表);

例如：int( * p)(int,int);

这里的"类型名"是函数返回值的类型。

说明：

1）定义指向函数的指针变量，并不意味着这个函数指针变量可以指向任何函数，它只
能指向在定义时指定的类型函数。例如，"int  ( * p)(int,int);"表示 p 只能指向返回值为
整型且有两个整型参数的函数。

2）如果要用指针调用函数，必须先使指针变量指向该函数。例如，"p = max;"就是把 max 函数的入口地址赋给了指针变量 p。

3）给指针变量赋值时，只需给出函数名，不必给出参数。

4）用函数指针调用函数时，只需将 * p 代替函数名即可，在 * p 之后的括号中根据需要写上实参。例如，"c = ( * p)(a,b);"表示调用由 p 指向的函数，实参为 a、b，得到的函数值赋给 c。

5）对于指向函数的指针变量不能进行算术运算，如 p ++ 、 -- p 等运算是毫无意义的。

6）用函数名调用函数，只能调用一个函数，而用函数指针变量可以调用不同的函数。

下面通过一个例子来体验一下函数指针变量的定义和使用。

例7-6 输入两个整数，然后让用户选择1或者2，选择1时调用函数 max，输出两者中的大数；选择2时调用函数 min，输出两者中的小数。

解题思路：定义两个函数 max 和 min，分别用来求大数和小数。在主函数中根据输入的数字是1或2，使指针变量指向函数 max 或 min。

程序代码如下：

```c
#include < stdio. h >
int    max( int   a, int   b)
{
    if( a > b)  { return a; }
    else  { return b; }
}
int    min( int   a, int   b)
{
    if( a > b)  { return b; }
    else  { return a; }
}
void    main( )
{
    int   a, b, c, n;
    int   ( * p)( int, int);
    printf("请输入 a 和 b 的值:");
    scanf("% d,% d", &a, &b);
    printf("请选择 1 或者 2:");
    scanf("% d", &n);
    if( 1 == n)  { p = max; }
else   { p = min; }
    c = ( * p)( a, b);
    if( 1 == n)  { printf(" a = % d, b = % d, n = % d, 最大值 = % d", a, b, n, c); }
```

```
    else   {printf("a = % d,b = % d,n = % d,最小值 = % d",a,b,n,c);}
}
```

程序的运行结果如下：

> 请输入 a 和 b 的值:34,89　回车
> 请选择 1 或者 2:1　回车
> a = 34,b = 89,n = 1,最大值 = 89

3. 用指向函数的指针作函数参数

指向函数的指针变量的一个重要用途就是把函数的地址作为参数传递到其他函数进行调用，例如：

```
void   fun(int   ( * p1)(int),int   ( * p2)(int,int))
{
    int   a,b,i = 3,j = 5;
    a = ( * p1)(i);
    b = ( * p2)(i,j);
}
```

下面通过一个简单的例子来说明这种方法的应用。

例 7-7　同例 7-6。

解题思路：同例 7-6，但是这里用一个函数 fun 来实现其功能。

编写程序：

```
#include < stdio. h >
int   max(int   a,int   b)
{
    if(a > b)   {return a;}
    else   {return b;}
}
int   min(int   a,int   b)
{
    if(a > b)   {return b;}
    else   { return a;}
}
int   fun(int   a,int   b,int   ( * p)(int,int))
{
    return( * p)(a,b);
}
void   main()
{
    int   a,b,c,n;
```

```
        printf("请输入 a 和 b 的值:");
        scanf("%d%d",&a,&b);
        printf("请选择 1 或者 2:");
        scanf("%d",&n);
        if(1 == n)
        {
          c = fun(a,b,max);
          printf("a = %d,b = %d,n = %d,最大值 = %d",a,b,n,c);
        }
        else
        {
          c = fun(a,b,min);
          printf("a = %d,b = %d,n = %d,最小值 = %d",a,b,n,c);
        }
}
```

程序的运行结果如下:

1) 选择 1,将函数 max 指针(即入口地址)传递给 fun 函数进行调用。

请输入 a 和 b 的值:34  89   回车
请选择 1 或者 2:1   回车
a = 34,b = 89,n = 1,最大值 = 89

2) 选择 2,将函数 min 指针(即入口地址)传递给 fun 函数进行调用。

请输入 a 和 b 的值:34  89   回车
请选择 1 或者 2:2   回车
a = 34,b = 89,n = 2,最小值 = 34

4. 返回指针值的函数

一个函数可以返回一个整型值、字符值、实型值等,也可以返回指针类型的值,即地址。

定义返回指针值的函数的一般形式如下:

类型名 * 函数名(参数列表);

对于初学 C 语言的人来说,这种定义形式不太习惯,容易弄错,用时要十分小心。通过下面的例子可以初步了解怎样使用返回指针值的函数。

例 7-8  有 a 个学生,每个学生有 b 门课程的成绩。要求在用户输入学生学号后,能输出该学生的全部成绩(用指针函数来实现)。

解题思路:定义一个二维数组 score,用来存放学生成绩。定义一个查询学生成绩的函数 search,它是一个返回指针的函数,形参是一个指向一维数组的指针变量和整型变量,从主函数将数组名 score 和要找的学生号 k 传递给形参。函数的返回值为 &score[k][0]。在主函数中输出该学生的全部成绩。

程序代码如下：

```c
#include <stdio.h>
float *search(float (*pointer)[4],int k)
{
  return *(pointer+k);
}
void main()
{
  float score[][4]={{60,70,80,90},{67,78,89,90},{76,65,79,69}};
  float *p;
  int i,k;
  printf("请输入要找的学生学号:");
  scanf("%d",&k);
  printf("学号为%d的学生的成绩是:",k);
  p=search(score,k);
  for(i=0;i<4;i++){
    printf("%5.2f\t",*(p+i));
  }
  printf("\n");
}
```

程序的运行结果如下：

请输入要找的学生学号:2　回车
学号为 2 的学生的成绩是:76.00　65.00　79.00　69.00

## 第二部分　项目教学

### 项目一　利用指针作为函数实参对数组进行操作的综合应用

#### 1. 项目描述

输入 10 个整数，将其中最小的数与第一个数进行交换，把最大的数与最后一个数进行交换，将交换后的 10 个整数进行输出。

#### 2. 项目目标

掌握用指针变量作为函数参数，用指针对数组进行操作。

#### 3. 项目分析

根据题意定义 input 函数实现整数的输入，switch 函数实现两个数之间的交换，output 函数实现交换后整数的输出。

4. 项目实施

```c
#include < stdio. h >
void    input( int    * p )
{
   int    i;
   for( i = 0 ; i < 10 ; i ++ )
   {
      scanf( " % d" , p + i ) ;                        /* 对数组进行赋值 */
   }
}
void    swap( int    * p )
{
   int    * max, * min, temp, i;
   max = min = p;
   for( i = 1 ; i < 10 ; i ++ )
   {
      if( * max < * ( p + i ) )
      {
         max = p + i;                                /* 找到最大值,并记录最大值地址 */
      }
      if( * min > * ( p + i ) )
      {
         min = p + i;                                /* 找到最小值,并记录最小值地址 */
      }
   }
   /* 将最小值与第一个整数交换 */
   temp = p[ 0 ] ;
   p[ 0 ] = * min;
   * min = temp;
   /* 如果 max 等于 p,表示第一个数是最大值,则使 max 指向最大值 */
   if( max == p )
   {
      max = min;
   }
   /* 将最大值与最后一个整数交换 */
   temp = p[ 9 ] ;
   p[ 9 ] = * max;
```

```
      * max = temp;
   }
void   output(int    * p){
   int   i;
   printf("交换后的整数为");
   for(i = 0;i < 10;i ++ )
   {
      printf("% d\t", * (p + i));              /* 输出交换后的整数数组 */
   }
}
void   main( )
{
   int   number[10];
   printf("请输入 10 个整数:");
   input(number);
   swap(number);
   output(number);
}
```

程序的运行结果如下:

请输入 10 个整数:11   8   5   9   10   1   2   3   7   0   回车
交换后的整数为0   8   5   9   10   1   2   3
7   11

## 项目二　利用指针作为函数实参对多维数组进行操作的综合应用

### 1. 项目描述
假设一个班有 3 个学生,每个学生学 4 门课程,计算总平均分以及第 n 个学生的成绩。

### 2. 项目目标
掌握用指针变量作为函数参数,用指针对多维数组进行操作。

### 3. 项目分析
本项目用指向数组的指针作函数参数。定义 average 函数求平均分,search 函数找出并输出第 n 个学生信息。

### 4. 项目实施
```
#include < stdio. h >
void   average(float    * p,int   n)              /* 定义求平均成绩的函数 */
{
   float    * p_end;
   float   sum = 0,aver;
   p_end = p + n - 1;
```

```
    for(;p < = p_end;p ++)
    {
        sum = sum + ( * p);
    }
    aver = sum/n;
    printf("平均值 = %5.2f\n",aver);
}
void   search(float( * p)[4],int n)        /*定义查找函数*/
{
    int   i;
    printf("第%d 个学生的成绩是:",n);
    for(i = 0;i < 4;i ++)
    {
        printf("%5.2f", * ( * (p + n) + i));
    }
    printf("\n");
}
void   main()
{
    float score[3][4] = {{65,67,70,60},{75,78,80,89},{67,78,80,87}};
    average( * score,12);                   /*求 12 个分数的平均值*/
    search(score,2);                        /*查找第 2 个学生,并输出其成绩*/
}
```

程序的运行结果如下:

```
平均值 = 74.67
第 2 个学生的成绩是:67.00   78.00   80.00   87.00
```

## 第三部分  实训目标、任务

### 实训目标

◆ 掌握指针变量的定义与使用。
◆ 掌握使用指针变量操作数组。
◆ 掌握指针变量作为函数参数。
◆ 了解 C 语言编程思想。

### 实训任务

实训要求:所有实训任务均要求用指针方法进行处理。

（1）输入 3 个整数，由小到大输出。

（2）输入 3 个字符串，由小到大输出。

（3）写一函数，求字符串的长度。在 main( ) 函数中输入字符串，并输出字符串长度。

（4）写一函数，将 3×3 的整型矩阵转置。

（5）将一个 5×5 矩阵中的最大数放置在中心，4 个角存放最小元素（顺序为从左到右，从上到下依次存放），写一函数实现。在 main( ) 函数中调用。

（6）一个班有 4 个学生，5 门功课。分别求第一门功课的平均成绩；找出两门以上不及格的学生，并输出其学号；找出平均成绩在 90 分以上的全部学生，并输出其学号。分别编写 3 个函数实现，并在 main( ) 函数中调用。

# 模块 8

# 结 构 体

## 【学习目标】

◆ 掌握结构体的基本概念。

◆ 能够用结构体描述客观事物。

◆ 能够定义和使用结构体。

### 第一部分 知识准备

C 语言提供了一些基本数据类型（如 int、char、float 等），用户可以用它们来解决一般问题，但是实际生活中人们处理的问题往往比较复杂，只有系统提供的基本数据类型是不能满足要求的，C 语言允许用户根据实际需求建立一些数据类型，用它来定义变量。

## 一、定义和使用结构体类型

### 1. 自己建立结构体类型

在现实生活和工作中，有些数据是有内在联系和成组出现的。例如，学号、姓名、性别、年龄、成绩、家庭住址等项是属于一个学生的，见表 8-1。人们希望把这些数据组成一个组合数据，定义一个变量 student_1，在这个变量中包含了以上所提到过的所有数据项，这样使用起来就方便多了。

表 8-1 学生基本信息结构

| number | name | gender | age | score | add |
|--------|------|--------|-----|-------|-----|
| 1011 | 李四 | 男 | 18 | 89 | 聚贤路 1 号 |

有人想到用数组，能否用数组来存放这些数据呢？显然是不能的，因为数组只能存放同一类型数据。C 语言允许用户自己建立由不同数据类型组成的组合型的数据结构，称为结构体（struct）。

如果程序中用到表 8-1 所示的数据结构，可以在程序中建立自己的一个结构体类型。

例如：

struct    student

```
{
    int    number;
    char   name[20];
    char   gender;
    int    age;
    float  score;
    char   add[30];
};
```

上面由程序设计者指定了一个结构体类型 struct student（struct 是定义结构体所必需的关键字，不能省略）。

声明一个结构体类型的形式如下：

struct 结构体名 {成员列表};

结构体类型的名字是由关键字 struct 和结构体名构成的。结构体名是由用户指定的，又称为结构体标记，以区别于其他结构体类型。上面的结构体声明中，student 就是结构体名。

花括号内是该结构体所包含的子项，又称为结构体的成员。上例中的 number、name、gender 等都是成员。对各成员都应进行声明：

类型名 成员名；

"成员列表"也称为域表，每一个成员是结构体的一个域。成员命名规则与变量名相同。

2. 定义结构体类型变量

常用以下两种方法定义结构体类型变量：

（1）先声明结构体类型，再定义结构体变量

前面已经声明了一个结构体类型 struct student，可以用它来定义变量。

例如：struct student student1，student2；

这种定义形式和定义其他类型变量是相似的。这种形式是声明类型和定义变量分离，在声明类型后可以随时定义变量，比较灵活。

（2）在声明类型的同时定义变量

例如：

```
struct student
{
    int    number;
    char   name[20];
    char   gender;
    int    age;
    float  score;
    char   add[30];
} student1,student2;
```

它的作用与第一种方法相同，但在声明类型的同时定义了变量。这种方法的一般形式如下：

```
struct 结构体名
{
    成员列表
} 变量列表;
```

声明类型和定义变量放在一起进行，能直接看到结构体结构，在写小程序时比较直观，但写大程序时，声明类型和定义变量要放在不同的地方进行，以使程序结构清晰、便于维护。

说明：

1）结构体类型与结构体变量是不同的概念，不要混淆。

2）结构体类型中成员名可以与程序中的变量名相同，但两者不代表同一对象。

3）对结构体变量中的成员可以单独使用，其作用与地位相当于普通变量。

3. 结构体变量的初始化和引用

在定义结构体变量时可以初始化（即赋予初始值），然后可以引用这个变量，如输出它的成员的值。

例 8-1　把一个学生的信息放在一个结构体，然后输出这个学生的信息。

解题思路：先在程序中建立一个结构体类型，包括有关学生信息的各成员，然后用它来定义结构体变量，同时赋予初始值，最后输出该结构体变量的各成员。

程序代码如下：

```
#include < stdio. h >
void    main( )
{
    struct    student                          /*声明结构体类型*/
    {
        int    number;
        char    name[20];
        char    gender[4];
        int    age;
        float    score;
        char    add[30];
    } student1 = {10101,"李四","男",18,89.00,"聚贤路 1 号"};
        /*定义结构体变量并初始化*/
    printf("学号:%d 姓名:%s 性别:%s 年龄:%d 成绩:%3.1f 地址:%s\n",
    student1. number,student1. name,student1. gender,student1. age,
    student1. score,student1. add);
}
```

程序的运行结果如下：

学号:10101　姓名:李四　性别:男　年龄:18　成绩:89.0　地址:聚贤路 1 号

1）在定义结构体变量时可以对它的成员变量进行初始化。初始化列表是用一对花括号括起来的常量，这些常量依次赋给结构体中的各成员。

注意：是对结构体变量初始化，不是对结构体类型初始化。

ISO/IEC 9899：1999 标准允许对某一成员初始化。

例如：struct　student s = {. name = "李四"}；

". name" 隐含代表结构体变量 s 中的成员 s. name。其他未初始化的数值类型被系统初始化为 0，字符类型被系统初始化为 '\0'，指针变量被系统初始化为 NULL。

2）可以引用结构体变量中成员的值。引用方式如下：

结构体变量名 . 成员名

例如，例 8-1 中的 student1. name，在程序中可以对变量成员赋值：

student1. name = "李四"；

"." 是成员运算符，它在所有的运算符中优先级最高，因此可以把 student1. name 看作一个整体，相当于一个变量。上面语句的作用是将 "李四" 这个值赋给 student1 中的成员 name。

注意：不能试图输出结构体变量名来达到输出结构体所有变量成员的值。

下面的用法是不正确的：

printf("% s\n",student1)；

3）如果成员本身又属于一个结构体类型，则要用若干个运算符，一级一级地找到最低一级成员。只能对最低一级成员进行赋值或存取运算。

4）对结构体变量成员可以像普通变量一样进行各种运算。

例如：student1. score = student2. score；

　　　sum = student1. score + student2. score；

5）同类的结构体可以互相赋值。

student1 = student2；

6）可以引用结构体变量成员的地址，也可以引用结构体变量的地址。

例如：scanf("% d",student1. age)；

　　　printf("% o",&student1)；　/＊输出结构体变量 student1 的首地址 ＊/

例 8-2　输入两个学生的学号、姓名、成绩，输出成绩较高的学生的学号、姓名、成绩。

解题思路：

① 定义两个结构体变量 student1 和 student2。

② 分别输入两个学生的信息。

③ 比较两个学生的成绩，输出成绩较高的学生信息，如果相等则输出两个学生信息。

程序代码如下：

```
#include < stdio. h >
void    main( )
```

```
{
  struct    student
    {
      int    number;
      char    name[20];
      float    score;
    };
  struct    student student1,student2;
  scanf("%d%s%f",&student1. number,student1. name,&student1. score);
  scanf("%d%s%f",&student2. number,student2. name,&student2. score);
  printf("成绩最高的学生是:");
  if( student1. score > student2. score)
    {
      printf("%d %s %.1f\n",student1. number,student1. name,student1. score);
    }
  if( student2. score > student1. score)
    {
      printf("%d %s . 1f\n",student2. number,student2. name,student2. score);
    }
  if( student1. score == student2. score)
    {
      printf("%d %s . 1f\n",student1. number,student1. name,student1. score);
      printf("%d %s . 1f\n",student2. number,student2. name,student2. score);
    }
}
```

程序的运行结果如下:

```
1011   李四   98
1012   张三   96.4
成绩最高的学生是:1011   李四   98.0
```

## 二、使用结构体数组

下面举一个简单的例子说明如何定义和引用结构体数组。

例 8-3　有 3 个候选人,每个公民只能给一人投票,要求统计候选人票数。

解题思路:

定义一个候选人信息结构体,根据投票人输入的姓名,给相应候选人票数加 1,最后输出所有候选人票数。

程序代码如下:

```
#include < stdio. h >
#include < string. h >
void    main( )
{
    struct    person
    {
        char name[20];
        int count;

    } leader[3] = {"赵",0,"王",0,"李",0};
    int   i,j;
    char   leader_name[20];
    for(i = 0;i < 5;i ++ )
    {
        scanf("% s",leader_name);
        for(j = 0;j < 3;j ++ )
        {
            if( strcmp( leader[j]. name,leader_name) == 0)
            {
                leader[j]. count ++ ;
            }
        }
    }
    for(i = 0;i < 3;i ++ )
    {
        printf("% s % d\n",leader[i]. name,leader[i]. count);
    }
}
```

程序的运行结果如下：

赵
王
李
王
李

说明：

1) 定义结构体数组的一般形式如下：

① struct    结构体名

{成员列表} 数组名 [数组长度];

② 先声明结构体类型，然后再用此类型定义结构体数组：

结构体类型　数组名 [数组长度]；

2) 对结构体数组初始化的形式是（在定义数组后面加上）：

= {初始化列表}；

例如：struct　person leader[3] = {"赵",0,"王",0,"李",0}；

## 三、结构体指针

指向结构体对象的指针变量既可以指向结构体变量，也可以指向结构体数组中的元素。指针变量的基类型和结构体变量类型相同。

例如，struct　student * pt；　/* pt 可以指向 struct student 类型的变量或数组元素 */

下面通过一个例子来学习如何定义结构体指针变量以及使用方法。

例 8-4　通过指向结构体变量指针输出结构体变量各成员信息。

解题思路：本题要解决以下两个问题。

① 对结构体变量赋值。

② 通过指向结构体变量指针访问结构体变量各成员。

程序代码如下：

```
#include < stdio. h >
#include < string. h >
void    main( )
{
  struct    student
  {
    int    number;
    char    name[20];
    char    gender[4];
    float    score;
  };
  struct    student student1 , * pt;
  pt = &student1;
  student1. number = 1011;
  strcpy(student1. name,"李四");
  strcpy(student1. gender,"男");
  student1. score = 89. 1f;
  printf ("%d %s %s %. 1f\n",( * pt). number,( * pt). name,( * pt). gender,( * pt). score);
}
```

程序的运行结果如下：

1011　李四　男　89.1

说明：为了方便和直观，C 语言允许（ $*$ p）. number 用 p- $>$ number 代替（"- $>$"代表一个箭头），p- $>$ number 表示 p 所指向的结构体变量中的成员 number。"- $>$"称为指向运算符。

程序修改如下：

```c
#include < stdio. h >
#include < string. h >
void   main( )
{
  struct   student
  {
    int number;
    char name[20];
    char gender[4];
    float score;
  };
  struct   student student1 , * pt;
  pt = &student1;
  student1. number = 1011;
  strcpy(student1. name,"李四");
  strcpy(student1. gender,"男");
  student1. score = 89. 1f;
  printf("%d %s %s %. 1f\n",pt- > number,pt- > name,pt- > gender,pt- > score);
}
```

程序的运行结果如下：

1011　李四　男　89. 1

因此，（ $*$ p）. 成员名与 p- $>$ 成员名的用法等价。

## 第二部分　项目教学

### 项目一　结构体的定义和使用

1. 项目描述

定义一个结构体变量（年、月、日），计算该日是本年度中的第几天，注意闰年问题。

2. 项目目标

◆ 掌握结构体变量的定义和使用。

◆ 体会编程思路。

3. 项目分析

正常年份每个月中的天数是已知的，只要给出日期，算出该日在该年度是第几天很简单。如果是闰年且月份在 3 月或 3 月之后，应该增加 1 天。闰年的规则是：年份被 4 或 400 整除但不能被 100 整除，如 2004、2008 年是闰年，2000、2100 年不是闰年。

4. 项目实施

编写程序：

```c
#include < stdio. h >
struct   date
{
    int year;
    int month;
    int day;
} date;
void   main( )
{
    int days;
    printf("请输入年月日:");
    scanf("%d%d%d",&date. year,&date. month,&date. day);
    switch(date. month)
    {
        case 1: days = date. day;break;
        case 2: days = date. day +31;break;
        case 3: days = date. day +59;break;
        case 4: days = date. day +90;break;
        case 5: days = date. day +120;break;
        case 6: days = date. day +151;break;
        case 7: days = date. day +181;break;
        case 8: days = date. day +212;break;
        case 9: days = date. day +243;break;
        case 10: days = date. day +273;break;
        case 11: days = date. day +304;break;
        case 12: days = date. day +334;break;
    }
    if( ( date. year%4 ==0 || date. year%400 ==0&&date. year%100! =0)
    &&date. month > =3)
        {
            days ++ ;
        }
    printf("%d 年%d 月%d 日是本年度第%d 天",
    date. year,date. month,date. day,days);
}
```

程序的运行结果如下：

请输入年月日：<u>2013</u>　<u>12</u>　<u>23</u>　回车
2013 年 12 月 23 日是本年度第 357 天

## 项目二　结构体数组与结构体指针的使用

### 1. 项目描述

编写一个 print 函数，输出一个学生的成绩数组，该数组中有 3 个学生数据记录，每个记录包括 number、name、score[3]，用主函数输入 3 个学生记录，用 print 函数输出记录。

### 2. 项目目标

◆ 掌握结构体数组和结构体指针的使用。

◆ 体会编程思路。

### 3. 项目分析

解题思路：设计函数 print，其形参为结构体指针变量，将结构体数组变量作为实参传递给该函数，将学生记录输出。

### 4. 项目实施

编写程序：

```
#include < stdio. h >
struct   student
{
  int   number;
  char   name[20];
  float   score[3];
};
void   print(struct   student  *  p)
{
  int i,j;
  for(i = 0;i < 3;i ++ )
  {
    printf( "% d % s",p- > number,p- > name);
    for(j = 0;j < 3;j ++ )
    {
      printf( "%. 1f",p- > score[j]);
    }
    printf( " \n" );
  }
}
void   main( )
```

```
{
    int i,j;
    struct    student stu[3];
    for(i=0;i<3;i++)
    {
        printf("请输入第%d 个学生记录信息:",i);
        scanf("%d%s",&stu[i].number,stu[i].name);
        for(j=0;j<3;j++){scanf("%f",&stu[i].score[j]);}
    }
    print(stu);
}
```

程序的运行结果如下:

| 请输入第 0 个学生记录信息: | 1011 | 张三 | 89 | 78 | 67 | 回车 |
|---|---|---|---|---|---|---|
| 请输入第 1 个学生记录信息: | 1022 | 王五 | 98 | 69 | 85 | 回车 |
| 请输入第 2 个学生记录信息: | 1033 | 李四 | 78.6 | 89 | 75 | 回车 |

```
1011   张三   89.0   78.0   67.0
1011   张三   89.0   78.0   67.0
1011   张三   89.0   78.0   67.0
```

思考:为什么输出的都是第一条记录的内容呢?如何修改才能得到正确的结果?

# 第三部分　实训目标、任务

## 实训目标

◆ 掌握结构体变量的定义与使用。

◆ 掌握结构体数组变量的定义与使用。

◆ 掌握结构体指针变量的定义与使用。

◆ 了解 C 语言编程思想。

## 实训任务

实训要求:要求所有实训任务均用结构体进行处理。

(1) 写一个 days 函数,来计算输入的日期是本年度的第几天,年月日由主函数传递给 days 函数,并将得到结果传回主函数输出。

(2) 编写一个 input 函数用来输入 3 个学生记录信息,学生记录包括学号 number、姓名 name、成绩 score[3],并在主函数中输出学生信息。

(3) 有 10 个学生,每个学生的数据包括学号 number、姓名 name、成绩 score[3],从键盘输入 10 个学生信息,要求输出 3 门课程的平均成绩,以及最高分学生的数据。

# ▶ 附　录

## 附录 A　常用字符与 ASCII 码值对照表

| ASCII 码值 | 控制字符 | ASCII 码值 | 字　符 | ASCII 码值 | 字　符 | ASCII 码值 | 字　符 |
|---|---|---|---|---|---|---|---|
| 0 | NUL | 32 | space | 64 | @ | 96 | ' |
| 1 | SOH | 33 | ! | 65 | A | 97 | a |
| 2 | STX | 34 | " | 66 | B | 98 | b |
| 3 | ETX | 35 | # | 67 | C | 99 | c |
| 4 | EOT | 36 | $ | 68 | D | 100 | d |
| 5 | ENQ | 37 | % | 69 | E | 101 | e |
| 6 | ACK | 38 | & | 70 | F | 102 | f |
| 7 | BEL | 39 | ' | 71 | G | 103 | g |
| 8 | BS | 40 | ( | 72 | H | 104 | h |
| 9 | HT | 41 | ) | 73 | I | 105 | i |
| 10 | LF | 42 | * | 74 | J | 106 | j |
| 11 | VT | 43 | + | 75 | K | 107 | k |
| 12 | FF | 44 | , | 76 | L | 108 | l |
| 13 | CR | 45 | – | 77 | M | 109 | m |
| 14 | SO | 46 | . | 78 | N | 110 | n |
| 15 | SI | 47 | / | 79 | O | 111 | o |
| 16 | DLE | 48 | 0 | 80 | P | 112 | p |
| 17 | DC1 | 49 | 1 | 81 | Q | 113 | q |
| 18 | DC2 | 50 | 2 | 82 | R | 114 | r |
| 19 | DC3 | 51 | 3 | 83 | S | 115 | s |
| 20 | DC4 | 52 | 4 | 84 | T | 116 | t |
| 21 | NAK | 53 | 5 | 85 | U | 117 | u |
| 22 | SYN | 54 | 6 | 86 | V | 118 | v |
| 23 | ETB | 55 | 7 | 87 | W | 119 | w |
| 24 | CAN | 56 | 8 | 88 | X | 120 | x |
| 25 | EM | 57 | 9 | 89 | Y | 121 | y |
| 26 | SUB | 58 | : | 90 | Z | 122 | z |
| 27 | ESC | 59 | ; | 91 | [ | 123 | { |
| 28 | FS | 60 | < | 92 | \ | 124 | \| |
| 29 | GS | 61 | = | 93 | ] | 125 | } |
| 30 | RE | 62 | > | 94 | ^ | 126 | ~ |
| 31 | US | 63 | ? | 95 | _ | 127 | DEL |

## 附录 B　运算符的优先级和结合性

| 优先级 | 运 算 符 | 运算符含义 | 结 合 性 | 说　明 |
|---|---|---|---|---|
| 1 | ( ) | 圆括号 | 从左到右 | |
| | [ ] | 数组下标 | | |
| | . | 成员选择（对象） | | |
| | - > | 成员选择（指针） | | |
| 2 | − | 负号运算符 | 从右到左 | |
| | （类型） | 强制类型转换 | | |
| | ++ | 自增运算符 | | |
| | - - | 自减运算符 | | |
| | * | 取值运算符 | | |
| | & | 取地址运算符 | | |
| | ! | 逻辑非运算符 | | |
| | ~ | 按位取反运算符 | | |
| | sizeof | 长度运算符 | | |
| 3 | * | 乘 | 从左到右 | 双目运算符 |
| | / | 除 | | |
| | % | 余数（取模） | | |
| 4 | + | 加 | 从左到右 | 双目运算符 |
| | − | 减 | | |
| 5 | < < | 左移 | 从左到右 | 双目运算符 |
| | > > | 右移 | | |
| 6 | > | 大于 | 从左到右 | 双目运算符 |
| | > = | 大于或等于 | | |
| | < | 小于 | | |
| | < = | 小于或等于 | | |
| 7 | == | 等于 | 从左到右 | 双目运算符 |
| | ! = | 不等于 | | |
| 8 | & | 按位与 | 从左到右 | 双目运算符 |
| 9 | ˆ | 按位异或 | 从左到右 | 双目运算符 |
| 10 | | | 按位或 | 从左到右 | 双目运算符 |
| 11 | && | 逻辑与 | 从左到右 | 双目运算符 |
| 12 | | | | 逻辑或 | 从左到右 | 双目运算符 |
| 13 | ?: | 条件运算符 | 从右到左 | 三目运算符 |
| 14 | = | 赋值运算符 | 从右到左 | 双目运算符 |
| | / = | 除后赋值 | | |

（续）

| 优先级 | 运　算　符 | 运算符含义 | 结　合　性 | 说　明 |
|---|---|---|---|---|
| 14 | * = | 乘后赋值 | 从右到左 | 双目运算符 |
| | % = | 取模后赋值 | | |
| | + = | 加后赋值 | | |
| | − = | 减后赋值 | | |
| | < < = | 左移后赋值 | | |
| | > > = | 右移后赋值 | | |
| | & = | 按位与后赋值 | | |
| | ^ = | 按位异或后赋值 | | |
| | \| = | 按位或后赋值 | | |
| 15 | , | 逗号运算符 | 从左到右 | 顺序运算 |

注：1. 同一优先级的运算符，运算次序由结合方向决定。

　　2. 不同的运算符要求不同个数的运算对象，单目运算符要求只能在运算符的一侧出现一个运算对象，双目运算符要求在运算符的两侧各有一个运算对象，条件运算符是 C 语言中唯一的三目运算符，要求有 3 个运算对象。

# 参 考 文 献

[1] 谭浩强. C 语言程序设计 [M]. 4 版. 北京：清华大学出版社，2020.

[2] 苏小红，等. C 语言大学实用教程 [M]. 4 版. 北京：电子工业出版社，2017.

[3] 何钦铭，颜晖. C 语言程序设计 [M]. 3 版. 北京：高等教育出版社，2015.

[4] 姚合生，蔡庆华，等. C 语言程序设计 [M]. 北京：清华大学出版社，2008.

[5] 姚合生，蔡庆华，等. C 语言程序设计习题集、上机与考试指导 [M]. 北京：清华大学出版社，2008.